3D打印系列教材

普通高等教育"十三五"规划教材

3D打印原理
与3D打印材料

袁建军　谷连旺　主　编
刘然慧　邱常明　副主编

U0387814

化学工业出版社

·北京·

内 容 简 介

《3D打印原理与3D打印材料》是为了普及目前正在蓬勃发展的3D打印技术编撰的。本书对3D打印的概况、各类3D打印技术的原理以及各类材料在3D打印中的应用都进行了详细的介绍。

本书共分7章，主要内容包括3D打印概述、3D打印原理、3D打印高分子材料、3D打印光敏树脂材料、3D打印金属材料、3D打印无机非金属材料以及3D打印新材料，基本上涵盖了目前已经实际应用的各类3D打印的原理和材料。

本书可作为高等院校以及高职、中职院校3D打印及逆向工程专业的教材，也可作为3D打印及逆向工程相关专业的教材，还可供对3D打印感兴趣的相关人员阅读参考使用。

图书在版编目（CIP）数据

3D打印原理与3D打印材料/袁建军，谷连旺主编 . —北京：
化学工业出版社，2021.8（2024.11重印）
3D打印系列教材
ISBN 978-7-122-39257-2

Ⅰ.①3… Ⅱ.①袁… ②谷… Ⅲ.①立体印刷-印刷术-中等
专业学校-教材 Ⅳ.①TS853

中国版本图书馆CIP数据核字（2021）第104494号

责任编辑：刘丽菲　　　　　　　　　　　　文字编辑：孙亚彤　陈小滔
责任校对：刘　颖　　　　　　　　　　　　装帧设计：关　飞

出版发行：化学工业出版社（北京市东城区青年湖南街13号　邮政编码　100011）
印　　装：北京建宏印刷有限公司
787mm×1092mm　1/16　印张8¼　字数182千字　2024年11月北京第1版第4次印刷

购书咨询：010-64518888　　　　　　　　售后服务：010-64518899
网　　址：http://www.cip.com.cn
凡购买本书，如有缺损质量问题，本社销售中心负责调换。

定　　价：49.80元

本书编写团队

组织编写单位： 山东科技大学

其他参与单位： 华北理工大学

滕州市安川自动化机械有限公司

潍坊职业学院

山东商务职业学院

烟台职业学院

克孜勒苏职业技术学院

烟台浩林机电设备有限公司

江西机电职业技术学院

江西新能源科技职业学院

阳泉职业技术学院

莱芜技师学院

菏泽技师学院

泰安市岱岳区职业教育中心

鱼台县职业中等专业学校

惠民县职业中等专业学校

青岛西海岸新区高级职业技术学校

聊城现代交通技工学校

主　编： 袁建军　谷连旺

副主编： 刘然慧　邱常明

参　编： 胡美燕　段彩云　解永辉　宫晓峰　逄浩然　刘　勇　谭志勇

于春海　邹宗峰　周忠飞　葛云立　刘桂鹏　顾　晔　肖　苹

顾吉仁　刘永东　吴海燕　周子璇　刘玲成　娄镜浩

前　言

3D 打印技术作为第三次工业革命的代表技术之一，越来越受到工业界和投资界的重视。相对于传统的减材制造技术的生产原理，3D 打印是一种增材制造技术，是基于三维模型的数据，逐层添加材料的制造方法。

随着 3D 打印产业规模越来越大，3D 打印材料在整个行业中的地位也愈加重要。研究人员根据不同行业特点和需求开发新型材料，3D 打印材料逐渐丰富，目前全球共有 300 余种可规模化生产的 3D 打印材料。

目前国内将 3D 打印技术原理和 3D 打印材料作为整体编写的教材并不多。基于国内大中专院校对 3D 打印及逆向工程相关专业的教学需求，本书的编写内容着重于介绍各类 3D 打印的原理知识和目前成熟的各类材料及其在 3D 打印中的应用。

本书共分 7 章，主要内容包括 3D 打印原理以及各类 3D 打印材料的基本知识，由山东科技大学袁建军、谷连旺任主编，刘然慧、邱常明任副主编。第 1 章由刘然慧等编写，第 2 章由谷连旺、胡美燕等编写，第 3 章由宫晓峰、邱常明等编写，第 4 章由段彩云等编写，第 5 章、第 6 章由袁建军等编写，第 7 章由解永辉等编写。全书由袁建军、谷连旺统稿。

本书力求语言简练、条理清晰、深入浅出，尽可能按照从基础原理到实际应用，再到今后的发展趋势的逻辑思路进行编写。在编写过程中，编者查阅了大量公开发表的文献、资料，紧跟 3D 打印技术的前沿成果。

本书可作为高等院校以及高职、中职 3D 打印及逆向工程专业的教材，也可以作为其他相关专业的教材使用。

由于 3D 打印技术发展迅速，加之编者水平有限，书中难免会存在一些不足之处，敬请读者批评指正。

编者

2021 年 6 月

目 录

第 3 章　3D 打印材料——高分子材料 / 36

第 4 章　3D 打印材料——光敏树脂材料 / 62

第1章

绪 论

1.1 3D 打印概述 ▶▶▶

随着人类社会的发展与进步，材料加工成型技术也发生了翻天覆地的变化。石器时代，人类就可以基于切削等手段用石头制造简单的工具。此后，材料的加工成型方式随着科学技术的发展逐渐趋于精细化与高效化，但是传统的加工成型依然长期依赖于以下两种方法：一是基于材料去除（切、削、钻、磨、锯等）的自上而下的"减材技术"，比如铝合金部件可以经过车床切削加工成不同形状的部件；二是基于材料颗粒或部件组装的模塑法，比如颗粒状的热塑性高分子材料可以在模具中被热加工成型为不同几何形状的制品。虽然传统的加工成型方法取得了极大的发展，但是受工艺的局限，"减材技术"与模塑法在成型较复杂的几何形状时依然面临着成型困难、周期长、成本高和废弃物多等诸多问题。自 20 世纪末以来，"增材技术"取得了突破性的进展，"增材技术"是基于材料自下而上地逐层堆积从而获得目标制品的一种成型方式，又可形象地称之为 3D 打印。相比传统的加工成型方法，3D 打印特殊的成型工艺决定了其具有成型形状丰富、节能环保、成型周期短与低成本等优势。显然，3D 打印对于传统加工成型方法具有里程碑式的意义，其研究与发展将极大地促进与协助传统加工成型方法与传统制造业的发展。

3D 打印是一种整合了计算机软件、数学、机械自动化、材料科学与设计等多种学科门类的集成技术。3D 打印的工作原理可以被概括为：首先借助切片软件对数字模型文件进行分层与计算，然后通过自动化打印设备将材料按照目标模型的横切面自下而上逐层堆积从而得到目标制品。虽然目前 3D 打印已经初步应用于软体机器人、生物工程、电子元件制造和微流体技术等诸多领域，并且展现出极大的应用与发展潜力，但是 3D 打印仍然面临着成型精度、速度和制品性能的挑战。另外，目前大部分的 3D 打印制品都是作为结构性制品来应用的，缺乏功能性（如导热、刺激 - 响应性能等），这些因素都限制 3D 打印的进一步发展与应用。理论上来讲，以上各因素可通过对 3D 打印软件、设备与材料的研究来调整与改进。其中材料对 3D 打印技术的改进与升级起到了决定性的作用。例如，材料的成型收缩对 3D 打印精度起到了关键性的作用；3D 打印速度与材料的结晶与固化速率密切相关；材料的性能直接决定了 3D 打印制品的综合性能。目前可用于 3D 打印的材料（结构性与功能性材料）依然非常昂贵与稀缺。例如，可用于熔融沉积成型（Fused Deposition Modeling, FDM）3D 打印的材料只有部分热塑性高分子材料；可用于光固化成型 3D 打印的材料只有光敏树脂（世界首台光固化成型技术的 3D 打印机如图 1.1 所示）。因此，新型可 3D 打印材料的研究与制备对于 3D 打印在未来的应用与发展意义重大。相比传统的金属与无机非金属材料，高分子材料具有质轻、价廉、易于加工成型与性能易于调节等优势，在 3D 打印领域具有极大的研究与应用价值。

图 1.1　世界首台光固化成型技术 3D 打印机 SLA-250

1.2　3D 打印发展历史　▶▶▶

　　3D 打印技术的核心制造思想起源于 19 世纪末的美国，到 20 世纪 80 年代后期，3D 打印技术发展成熟并被广泛应用。

　　在 1995 年之前，还没有 3D 打印这个名称，那时比较为研究领域所接受的名称是"快速成型"。1995 年，美国麻省理工学院的两名大四学生吉姆和蒂姆的毕业论文选题是快速成型技术。两人经过多次讨论和探索，想到利用当时已经普及的喷墨打印机。他们把打印机墨盒里面的墨水替换成胶水，用胶水来黏结粉末床上的粉末，结果可以打印出一些立体的物品。他们将这种打印方法称作 3D 打印（3D Printing），将他们改装的打印机称作 3D 打印机。此后，3D 打印一词慢慢流行，所有的快速成型技术都归到 3D 打印的范畴。

　　从 3D 打印思想的提出，到各类 3D 打印原理以及各类 3D 打印的出现，3D 打印技术经历了一百多年的发展。表 1.1 为 3D 打印技术的发展历程。

表 1.1　3D 打印技术发展历程

年份	历程
1860	法国人 François Willème 申请到了照相雕塑（Photo sculpture）的专利
1892	美国登记了一项采用层结合方法制作三维地图模型的专利技术
1979	日本东京大学生产技术研究所的中川威雄教授发明了叠层模型造型法

年份	历程
1980	日本人小玉秀男提出了光造型法
1986	查尔斯成立了一家名为"3D系统"的公司，开始专注发展3D打印技术。这是世界上第一家生产3D打印设备的公司，而它生产的是基于液态光敏树脂的光聚合原理工作的3D打印机，该技术当时被称为"立体光刻"
1989	美国人卡尔·德卡德发明了激光选区烧结技术，这种技术的特点是选材范围广泛，比如尼龙、蜡、ABS树脂、金属和陶瓷粉末等都可以作为原材料
1991	美国人赫利塞思发明薄材叠层制造技术

我国的3D打印技术研究起步于1999年，比美国晚了十五年左右，但进步非常显著。中国航空工业集团有限公司采用激光3D打印技术生产的大型钛合金构件，已经成功用在歼-11战机上。

1.3 3D打印的发展状况和发展趋势 ▶▶▶

（1）3D打印的发展状况

2018年，全球3D打印技术产业产值达到97.95亿美元，较2017年增加24.59亿美元，同比增长33.5%。全球工业级3D打印设备的销量近20000台，同比增长17.8%，其中金属3D打印设备销量近2300台，同比增长29.9%，销售额达9.49亿美元，均价约41.3万美元。以美国GE公司为代表的航空应用企业开始采用3D打印技术批量化生产飞机发动机配件，并尝试整机制造，计划2021年启用一万台金属3D打印机，显示了3D打印技术的颠覆性意义。相应地，欧洲及日本等国家和地区也逐渐把3D打印技术纳入未来制造技术的发展规划中，比如欧盟规模最大的研发创新计划"地平线2020"，计划7年内（2014—2020年）投资800亿欧元，其中选择10个3D打印项目，总投资2300万欧元；2014年日本发布的《日本制造业白皮书》中，将机器人、下一代清洁能源汽车、再生医疗以及3D打印技术作为重点发展领域；2016年，日本将3D打印器官模型的费用纳入保险支付范围；2019年，德国经济和能源部发布的《国家工业战略2030》草案中，将3D打印列为十个工业领域"关键工业部门"之一。

从技术上看，3D打印已经能够满足大部分工业应用场景的需求，比如，3D打印技术可以实现金属和塑料零件以及成品的制造，性能与传统制造工艺相当，金属零件的强度优于铸件，略低于锻件。目前已经解决了原材料制备的问题，所有可焊接的金属均可使用3D打印技术。

从成本角度看，3D打印已经在航空、航天、军工、医疗等高价值及高附加值产业中具备了经济效益。2013年1月，王华明院士获奖的"飞机钛合金大型复杂整体构件激光成形技术"填补了国内空白，也是全世界唯一的大型钛合金材料3D打印整体成型的技术。国产大飞机机翼钣金件的3D打印制造，弥补了国内该类型零件锻压工艺的短板。空客A320飞机钛合金舱门铰链通过3D打印技术，实现了轻量化设计和非常规结构零件的制造。GE公司采用3D打印技术制造了航空发动机喷油嘴，一个零件集合了过去多个零件，降低了制造成本。

3D 打印技术目前存在的问题主要是设备成本高、原材料成本高、加工效率低，如 EOS 公司的 M400 型 3D 打印机价格昂贵，打印速度仅 $100cm^3/h$，原材料钛合金粉末为 3000 元 /kg。正是以上原因导致目前 3D 打印用于大规模生产的成本相对较高，但随着技术的进步，预计未来 3D 打印成本将会快速降低，性能将大幅提高。

"天问一号"安装使用了超过 100 个 3D 打印定制的零部件（图 1.2），其中包含相当数量的金属 3D 打印零部件。

截至 2021 年 1 月 3 日，中国"天问一号"火星探测器飞行里程已突破 4 亿公里，2 月 24 日成功实施第三次近火制动，进入火星停泊轨道。

图 1.2　3D 打印"天问一号"的部分零部件

（2）发展趋势

2013 年美国麦肯锡咨询公司发布的"展望 2025"报告中，将增材制造技术列入决定未来经济的十二大颠覆技术之一。目前，增材制造成型材料包含了金属、非金属、复合材料、生物材料甚至是生命材料，成型工艺能量源包括激光、电子束、特殊波长光源、电弧以及以上能量源的组合，成型尺寸从微纳米到 10m 以上，为现代制造业的发展以及传统制造业的转型升级提供了巨大契机。

当前，3D 打印技术正在急剧地改变产品制造的方式，对传统工艺流程、生产线、工厂模式、产业链组合产生深刻影响，催生出大量的新产业、新业态、新模式。

① 桌面级 3D 打印技术向大型化发展。近几年，桌面级 3D 打印机"叫好又叫座"，销量呈现大幅增长。根据大数据公司 CONTEXT 的数据，2015 年全球桌面级 3D 打印机销量增长了 33%，工业级 3D 打印机则下降了 9%；2016 年上半年全球桌面级 3D 打印机销量同比增加 15%，工业级 3D 打印机下降 15%。桌面级 3D 打印机门槛低、设计简单。图 1.3 是全球首款设计师专用 3D 打印机，这是一台致力于为设计师和艺术家提供艺术级 3D 打印输出的设备。

纵观航空航天、汽车制造以及核电制造等工业领域，对钛合金、高强钢、高温合金以及铝合金等大尺寸复杂精密构件的制造提出了更高的要求。目前现有的金属 3D 打印设备成型空间难以满足大尺寸复杂精密工业产品的制造需求，在某种程度上限制了 3D 打印技术的应用范围。因此，开发大幅面金属 3D 打印设备将成为一个发展方向。

图 1.3　奥德莱 (AOD) Artist 桌面级 3D 打印机

② 3D 打印材料向多元化发展。3D 打印材料的单一性在某种程度上也制约了 3D 打印技术的发展。以金属 3D 打印为例，能够实现打印的材料仅有不锈钢、高温合金、钛合金、模具钢以及铝合金等几种最为常规的材料。3D 打印仍然需要不断地开发新材料，使得 3D 打印材料向多元化发展，并能够建立相应的材料供应体系，这必将极大地拓宽 3D 打印技术应用场合。

金属 3D 打印被称为"3D 打印王冠上的明珠"，是门槛最高、前景最好、最前沿的技术之一。根据 CONTEXT 发布的数据，2015 年全球金属 3D 打印机销量增长了 35%，2016 年上半年同比增长 17%，金属 3D 打印可以说是工业级 3D 打印领域逆势上涨的一朵"奇葩"。

2015 年 11 月，奥迪公司使用金属 3D 打印技术按照 1:2 的比例制造出了 Auto Union（奥迪前身）在 1936 年推出的 C 版赛车的所有金属部件。布加迪公司于 2018 年初就宣称已开始研发首批量产型 3D 打印钛金属制动钳（图 1.4），旨在用于未来车型。

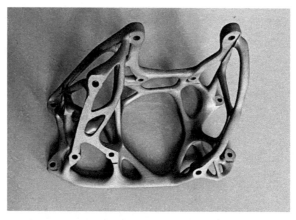

图 1.4　3D 打印钛金属制动钳

③ 3D 打印成型尺寸向两边延伸。随着 3D 打印应用领域的扩展，产品成型尺寸正走向两个极端。

一方面往"大"处跨，从家具到建筑，尺寸不断被刷新，特别是汽车制造、航空航天等领域对大尺寸精密构件的需求较大，如 2016 年珠海航展上西安铂力特公司展示的一款 3D 打印航空发动机中空叶片，总高度达 933 mm。

另一方面向"小"处走，可达到微米甚至纳米水平，在强度硬度不变的情况下，大大减轻产品的体积和质量，如哈佛大学和伊利诺伊大学的研究员 3D 打印出比砂粒还小的纳米级锂电池，其能够提供的能量却不少于一块普通的手机电池。

我国 3D 打印的研究起步于 20 世纪 90 年代，发端于高校，如今已形成清华大学颜永年团队、北京航空航天大学王华明团队、西安交通大学卢秉恒团队、华中科技大学史玉升团队和西北工业大学黄卫东团队等骨干科研力量，论文和申请专利的数量处于世界前列。2016 年 10 月成立了中国增材制造产业联盟，国家增材制造创新中心建设方案也通过了专家论证。

1.4 复习与思考 ▶▶▶

1. 3D 打印的原理是什么？

2. 目前 3D 打印还存在哪些困难？

3. 3D 打印的发展趋势有哪些？

4. 3D 打印技术的优点有哪些？选用的打印材料有哪些？

第2章

3D 打印原理

　　3D 打印常在模具制造、工业规划等领域用于制造模型，后逐渐用于一些产品的直接制造，目前已经有运用这种技术打印而成的零部件。该技术在珠宝、鞋类、工业规划、工程和施工、汽车、航空航天、牙科和医疗产业、教育、地理信息系统、土木工程等领域都有所应用。3D 打印是一个较笼统的概念，根据其工作原理，3D 打印可被细分为光固化成型技术、激光选区烧结技术、熔融沉积成型技术、薄材叠层制造技术等。

2.1　光固化成型技术（SLA）▶▶▶

　　光固化成型技术（Stereo Lithography Apparatus），也常被称为立体光刻成型技术，简称为 SLA，该工艺由 Charles Hull 于 1984 年获得美国专利，是最早发展起来的快速成型技术。自从 1988 年 3D Systems 公司最早推出 SLA 商品化快速成型机以来，SLA 已成为最为成熟而广泛应用的快速成型典型技术之一。它以光敏树脂为原料，通过计算机控制紫外激光使其凝固成型。这种方法能简捷、全自动地制造出复杂立体形状，在加工技术领域中具有划时代的意义。

2.1.1　光固化成型技术原理

　　光固化成型技术使用大桶液态光敏树脂通过紫外（UV）激光来逐层固化模型，从而依照用户提供的 3D 数据创建出固态 3D 模型。光固化成型技术流程所适用的快速制造领域较为广泛。

　　光固化成型技术的工作原理如图 2.1 所示，由光源发出的紫外光经扫描转换系统以一定的波长与光强作用于光敏树脂，其扫描轨迹即打印制品相应的横切面。在紫外光的引发下，光敏树脂发生交联反应从而固化。当一层的材料发生固化后，工作台带着此固化层上升单位高度，此时新的液态树脂又会快速填满固化层与原料池底的间隙，然后系统继续进行下一层的扫描与固化反应。上述"单位高度"即打印制品的"分辨率"，显然，"分辨率"越高（单位高度越小），打印制品的表面越光滑。这是一个由点到线，再由线到面，最终由面到体的打印过程。另一种与光固化成型技术类似的基于光固化的 3D 打印技术是数字光处理

（Digital Light Processing, DLP）技术，DLP 每次将目标制品的相应横截面一次性投影到光敏树脂上，从而完成一层的固化，然后再逐层固化得到目标制品，是一个由面到体的过程。打印完成以后，一般需要将其表面带有的未参与固化反应的树脂单体清洗掉。另外，为了确保打印速度，光敏树脂在打印过程中的曝光时间有时会受到影响，从而导致最终打印制品内部未完全固化，所以打印制品还需要一个充分曝光于光照后的固化过程。

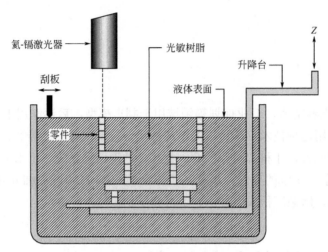

图 2.1　光固化成型技术的工作原理

　　光固化成型技术是一种非接触式的 3D 打印技术，所以打印过程非常稳定，所得到的最终制品分辨率也很高，而且打印速度快，效率非常高。然而光固化成型技术的系统造价非常昂贵，设备尺寸决定了可打印尺寸，要想获得较大尺寸的打印制品，设备造价会相当昂贵，其使用与维护成本也相对较高。另外，光固化成型技术耗材只能是液态光敏树脂，耗材的存储与运输要求比较严格，并且大部分光敏树脂会散发出刺激性气味，对人体有较大伤害。

　　因为树脂材料具有高黏性，在每层固化之后，液面很难在短时间内迅速流平，这将会影响实体的精度。采用刮板刮切后，所需数量的树脂便会被十分均匀地涂覆在上一叠层上，这样经过激光固化后可以得到较好的精度，使产品表面更加光滑和平整。

　　除了传统的光固化成型技术外，近年来，以色列 Objet 公司还开发了聚合物喷射技术（Poly Jet）。聚合物喷射技术与传统的喷墨打印机技术类似，由喷头将微滴光敏树脂喷在打印机底部上，再用紫外光层层固化。

　　图 2.2 为聚合物喷射技术聚合物喷射系统结构，其成型原理跟 SLA、DLP 一样，由光敏树脂在紫外光照射下固化。具体打印流程：

　　① 喷头沿 X/Y 轴方向运动，光敏树脂喷射在工作台上，同时 UV 光灯沿着喷头运动方向发射紫外光对工作台上的光敏树脂进行固化，完成一层打印。

　　② 之后工作台沿 Z 轴下降一个层厚，装置重复上述过程，完成下一层的打印。

　　③ 重复前述过程，直至工件打印完成。

　　④ 去除支撑结构。

对比传统的 SLA 打印技术，聚合物喷射技术使用的激光光斑直径在 0.06 ～ 0.10mm，打印精度远高于 SLA。另外，聚合物喷射技术可以使用多喷头，在打印光敏树脂的同时，可以使用水溶性或热熔性支撑材料。而 SLA/DLP 的打印材料与支撑材料来源于同一种光敏树脂，所以去除支撑时容易损坏打印件。由于可以使用多喷头，该技术可以实现不同颜色和不同材料的打印。

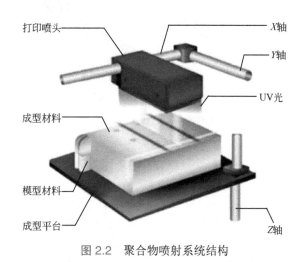

图 2.2　聚合物喷射系统结构

2.1.2　光固化成型技术工艺过程

光固化成型技术的工艺过程可以归纳为三个步骤：前处理、光固化成型和光固化成型的后处理。

（1）前处理

前处理阶段主要是对原型的模型进行数据转换、摆放方位确定、施加支撑和切片分层，实际上就是为原型的制作准备数据。光固化成型技术的前处理如图 2.3 所示。

（2）光固化成型

光固化成型过程是在专用的光固化快速成型设备系统上进行。在原型制作前，需要提前启动光固化快速成型设备系统，使得树脂材料的温度达到预设的合理温度，激光器点燃后也需要一定的稳定时间。设备运转正常后，启动原型制作控制软件，读入前处理生成的层片数据（STL 数据）文件。一般来说，叠层制作控制软件对成型工艺参数都有缺省的设置，不需要每次在原型制作时都进行调整，只是在固化的特殊结构以及激光能量有较大变化时需要进行相应的调整。此外，在原型制作之前，要注意调整工作台网板的零位与树脂液面的位置关系，以确保支撑与工作台网板的稳固连接。当一切准备就绪后，就可以启动叠层制作了。整个叠层的光固化过程都是在软件系统的控制下自动完成的，所有叠层制作完毕后，系统自动停止。

（3）光固化成型的后处理

光固化成型的后处理包括工件的剥离、后固化、修补、打磨、抛光和表面强化处理等。

光固化成型技术的部分后处理过程如图2.4所示。在光固化快速成型设备系统中对原型叠层制作完毕后，需要进行剥离等后处理工作，以便去除废料和支撑结构等。对于运用光固化成型技术得到的原型，还需要进行后固化处理等。

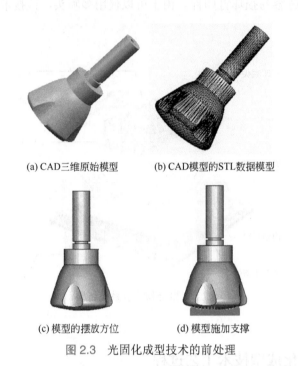

(a) CAD三维原始模型　　　　(b) CAD模型的STL数据模型

(c) 模型的摆放方位　　　　(d) 模型施加支撑

图2.3　光固化成型技术的前处理

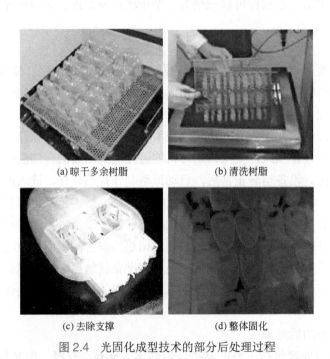

(a) 晾干多余树脂　　　　(b) 清洗树脂

(c) 去除支撑　　　　(d) 整体固化

图2.4　光固化成型技术的部分后处理过程

2.1.3 光固化成型技术的优缺点

（1）光固化成型技术的优点

① 成型过程自动化程度高。光固化成型系统非常稳定，加工开始后，成型过程可以完全自动化，直至原型制作完成。

② 尺寸精度高。光固化成型原型的尺寸精度可以达到 ±0.1mm。

③ 优良的表面质量。虽然在每层固化时侧面及曲面可能出现台阶，但上表面仍可得到玻璃状的效果。

④ 可以制作结构十分复杂的原型。

（2）光固化成型技术的缺点

光固化成型技术由于使用单一材料，对于复杂结构后期原型上面的支撑很难去除；光敏树脂相对耐温性较差，高温状态下很难保持形态；成型的原型相对比较脆，容易摔断。

2.1.4 光固化成型技术的应用

在当前应用较多的几种快速成型工艺方法中，光固化成型技术由于具有成型过程自动化程度高、制作原型表面质量好、尺寸精度高以及能够实现比较精细的尺寸成型等特点，得到了较为广泛的应用。其在概念设计的交流、单件小批量精密铸造、产品模型、快速模具及直接面向产品的模具等诸多方面广泛应用于航空航天、汽车、电器、消费品以及医疗等领域。

（1）光固化成型技术在航空航天领域的应用

在航空航天领域，光固化成型原型可直接用于风洞试验，进行可制造性、可装配性检验。航空航天领域中应用的零件往往是在有限空间内运行的复杂零件，在采用光固化成型技术以后，不但可以基于光固化成型原型进行装配干涉检查，还可以进行可制造性讨论评估，确定最佳的合理制造工艺。通过快速熔模铸造、快速翻砂铸造等辅助技术进行特殊复杂零件（如涡轮、叶片、叶轮等）的单件生产、小批量生产，并进行发动机等部件的试制和试验。

航空航天领域中发动机上许多零件都是经过熔模铸造来制造的，对于高精度的母模制作，传统工艺成本极高且制作时间也很长。采用光固化成型技术，可以直接由 CAD 数字模型制作熔模铸造的母模，时间和成本可以得到显著的降低。数小时之内，就可以由 CAD 数字模型得到成本较低、结构又十分复杂的用于熔模铸造的光固化成型原型母模（图 2.5）。

利用光固化成型技术可以制作出多种弹体外壳，装上传感器后便可直接进行风洞试验。通过这样的方法避免了制作复杂曲面模的成本和时间，从而可以更快地从多种设计方案中筛选出最优的整流方案，在整个开发过程中大大缩短了验证周期，节约了开发成本。此外，利用光固化成型技术制作的导弹全尺寸模型，在模型表面进行相应喷涂后，清晰展示了导弹外观、结构和战斗原理，其展示和讲解效果远远超出了单纯的电脑图纸模拟方式，可在未正式量产之前对其可制造性和可装配性进行检验。

（2）光固化成型技术在其他制造领域的应用

光固化成型技术除了在航空航天领域有较为重要的应用之外，在其他制造领域的应用也非常广泛，如汽车、模具制造、电器和铸造等领域。下面就光固化成型技术在汽车领域的应用作简要的介绍。

图 2.5　基于光固化成型技术制备的航空航天领域应用的零部件

现代汽车生产的特点是产品的型号多、周期短。为了满足不同的生产需求，就需要不断地改型。虽然现代计算机模拟技术不断完善，可以完成各种动力、强度、刚度分析，但研究开发中仍需要做成实物以验证其外观形象、可安装性和可拆卸性。对于形状、结构十分复杂的零件，可以用光固化成型技术制作零件原型，以验证设计人员的设计思想，并利用零件原型作功能性和装配性检验。图 2.6 展示的是光固化成型技术制备的汽车发动机原型。

图 2.6　光固化成型技术制备的汽车发动机原型

光固化成型技术还可在发动机的试验研究中用于流动分析。流动分析是用来在复杂零件内确定液体或气体的流动模式。将透明的模型安装在一简单的试验台上，中间循环某种液体，在液体内加一些细小粒子或细小气泡，以显示液体在流道内的流动情况。该技术已成功地用于发动机冷却系统（气缸盖、机体水箱）、进排气管等的研究。流动分析问题的关键是透明模型的制造，用传统方法时间长、花费大且不精确，而用光固化成型技术结合 CAD 造型仅仅需要 4～5 周的时间，且花费只为传统方法的 1/3，制作出的透明模型能完全符合机体水箱和气缸盖的 CAD 数据要求，模型的表面质量也能满足要求。

光固化成型技术在汽车行业除了上述用途外，还可以与逆向工程技术、快速模具制造技术相结合，用于汽车车身设计、前后保险杠总成试制、内饰门板等结构样件或功能样件试制、赛车零件制作等。

在铸造生产中，模板、芯盒、压蜡型、压铸模等的制造往往是采用机加工方法，有时还需要钳工进行修整，费时耗资，而且精度不高。特别是对于一些形状复杂的铸件（例如飞机发动机的叶片，船用螺旋桨，汽车、拖拉机的缸体、缸盖等），模具的制造更是一个巨大的难题。虽然一些大型企业的铸造厂也备有一些数控机床、仿型铣等高级设备，但除了设备价格昂贵外，模具加工的周期也很长，而且由于没有很好的软件系统支持，机床编程也很困难。而光固化成型技术能改善以上问题。

2.1.5　光固化成型技术的研究进展

光固化成型技术自问世以来在快速制造领域发挥了巨大作用，已成为工程界关注的焦点。光固化原型的制作精度和成型材料的性能及成本，一直是该技术领域研究的热点。很多研究者在成型参数、成型方式、材料固化等方面分析各种影响成型精度的因素，提出了很多提高光固化原型制作精度的方法，如扫描线重叠区域固化工艺、改进的二次曝光法、研究开发用 CAD 原始数据直接切片法、在制件加工之前对工艺参数进行优化等，这些工艺方法都可以减小零件的变形，降低残余应力，提高原型的制作精度。此外，光固化成型技术所用的材料为液态光敏树脂，其性能的好坏直接影响成型零件的强度、韧性等重要指标，进而影响光固化成型技术的应用前景。所以近年来，研究人员在提高成型材料的性能、降低成本方面也做了很多的研究，提出了很多有效的工艺方法，如将改性后的纳米 SiO_2 分散到自由基 - 阳离子混杂型的光敏树脂中，可以使光敏树脂的临界曝光量增大而投射深度变小，使成型件的耐热性、硬度和弯曲强度有明显提高；在树脂基中加入 SiC 晶须，可以提高其韧性和可靠性；开发新型的可见光敏树脂，这种新型树脂使用可见光便可固化，且固化速度快，对人体危害小，提高生产效率的同时大幅降低成本。

光固化成型技术发展到今天已经比较成熟，各种新的成型工艺不断涌现。下面从微光固化成型技术和生物医学领域两方面展望光固化成型技术。

（1）微光固化成型技术

传统的光固化成型技术设备成型精度为 ±0.1mm，能够较好地满足一般的工程需求。但是在微电子和生物工程等领域，一般要求制件具有微米级或亚微米级的细微结构，而传统的光固化成型技术已无法满足这一领域的需求。尤其在近年来，微电子机械系统（Micro Electro-mechanical System，MEMS）和微电子领域的快速发展，使得微机械结构的制造成为具有极大研究价值和经济价值的热点。微光固化成型（Micro Stereo Lithography，μ-SL）技术便是在传统的光固化成型技术基础上，面向微机械结构制造需求提出的一种新型的快速成型技术。该技术早在20世纪80年代就已经被提出，经过多年的努力研究，已经得到了一定的应用。μ-SL技术主要包括基于单光子吸收效应的μ-SL技术和基于双光子吸收效应的μ-SL技术，可将传统的光固化成型技术成型精度提高到亚微米级，开拓了快速成型技术在微机械制造方面的应用。但是，绝大多数的μ-SL技术成本相当高，因此多数还处于实验室阶段，离实现大规模工业化生产还有一定的距离。因而今后该领域的研究方向为：开发低成本生产技术，降低设备的成本；开发新型的树脂材料；进一步提高光固化成型技术的精度；建立μ-SL数学模型和物理模型，为解决工程中的实际问题提供理论依据；实现μ-SL与其他领域的结合，例如生物工程领域等。

（2）生物医学领域

光固化成型技术为不能制作或难以用传统方法制作的人体器官模型提供了一种新的方法，基于CT图像的光固化成型技术是应用于假体制作、复杂外科手术的规划、口腔颌面修复的有效方法。在生命科学研究的前沿领域出现一门新的交叉学科——组织工程，它是光固化成型技术非常有前景的一个应用领域。基于光固化成型技术可以制作具有生物活性的人工骨组织支架，该支架具有很好的机械性能和与细胞的生物相容性，且有利于成骨细胞的黏附和生长。如图2.7所示为用光固化成型技术制备的骨组织支架，该支架可植入人体中取代部分人体组织。

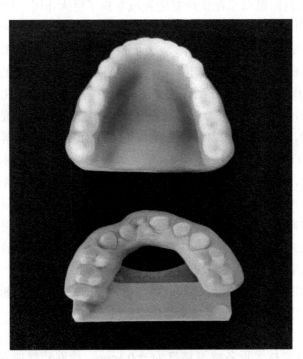

图2.7　光固化成型的生物材料

2.2　激光选区烧结技术（SLS）▶▶▶

激光选区烧结技术（SLS）采用红外激光器作能源，使用的材料多为粉末材料。加工时，首先将粉末预热到稍低于其熔点的温度，然后在铺粉辊的作用下将粉末铺平，激光束在计算机控制下根据分层截面信息进行有选择地烧结，一层完成后再进行下一层烧结，全部烧结完后去掉多余的粉末，就可以得到烧结好的零件。

1989 年，美国得克萨斯大学奥斯汀分校的一个学生 Carl Deckard 在他的硕士论文中首先提出了该技术，并且成功研制出世界上第一台激光选区烧结成型机；随后美国 DTM 公司于 1992 年研制出第一台使用激光选区烧结技术、可用于商业化生产的 Sinter Station 2000 成型机，正式将激光选区烧结技术用于商业化。

用于激光选区烧结技术的材料是各类粉末，包括金属、陶瓷、石蜡以及聚合物的粉末，工程上一般采用粒度的大小来划分颗粒等级。激光选区烧结技术采用的粉末粒度一般在 $50 \sim 125\mu m$ 之间。

2.2.1　激光选区烧结技术原理

激光选区烧结技术的完整成型工艺装置包括：CO_2 激光器、光学系统、扫描镜、工作台、粉料送进与回收系统以及铺粉辊，如图 2.8 所示。打印前，将 CAD 模型转为 STL 数据文件，然后将其导入快速成型系统中确定参数（激光功率、预热温度、分层厚度、扫描速度等）。在工作前，先将工作台内通入一定量的惰性气体，以防止金属材料在成型过程中被氧化。工作时，供粉缸活塞上升，铺粉辊在工作平面上均匀地铺上一层粉末，计算机根据规划路径控制激光对该层进行选择性扫描，将粉末材料烧结成一层实体。一层粉末烧结完成后，工作平台下降一个层厚，铺粉辊在工作平面上再均匀地铺上一层新的粉末材料，计算机再根

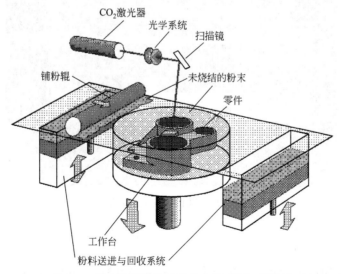

图 2.8　激光选区烧结技术的完整成型工艺装置

据模型该层的切片结果控制激光对该层截面进行选择性扫描，将粉末材料烧结成一层新的实体。像这样逐层叠加，最终形成三维制件。待制件完全冷却后，取出制件并收集多余的粉末。

2.2.2 激光选区烧结技术过程

激光选区烧结技术使用的材料一般有石蜡、高分子、金属、陶瓷的粉末和它们的复合粉末。材料不同，其具体的烧结技术也有所不同。

（1）高分子粉末材料的激光选区烧结技术

高分子粉末材料的激光选区烧结技术过程同样分为前处理、成型以及后处理三个阶段，如图 2.9 所示。

图 2.9　高分子粉末材料的激光选区烧结技术

① 前处理

前处理主要完成模型的三维 CAD 造型，并经 STL 数据转换后输入到激光选区烧结的快速成型系统中。图 2.10 是某铸件的 CAD 模型。

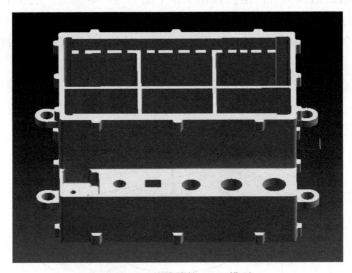

图 2.10　某铸件的 CAD 模型

② 成型

首先对成型空间进行预热。对于聚苯乙烯高分子材料，一般需要预热到 100℃ 左右。在预热阶段，根据原型结构的特点进行制作方位的确定，当制作方位确定后，将状态设置为加工状态，如图 2.11 所示。

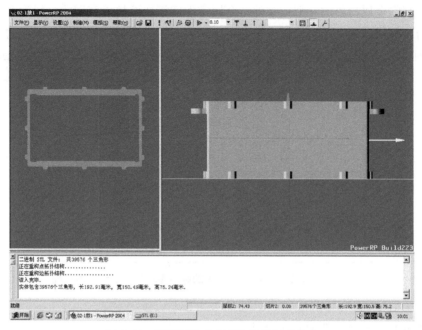

图 2.11　原型制作方位确定后的加工状态

　　然后设定成型工艺参数，如层厚、激光扫描速度和扫描方式、激光功率、烧结间距等。当成型区域的温度达到预定值时，便可以启动制作了。在制作过程中，为确保制件烧结质量，减少翘曲变形，应根据截面变化相应地调整粉料预热的温度。

　　所有粉层自动烧结叠加完毕后，需要将原型在成型缸中缓慢冷却至40℃以下，取出原型并进行后处理。

　　③ 后处理

　　激光选区烧结后的聚苯乙烯原型件强度很弱，需要根据使用要求进行渗蜡或渗树脂等补强处理。该原型用于熔模铸造，所以进行渗蜡处理，渗蜡后的铸件原型如图 2.12 所示。

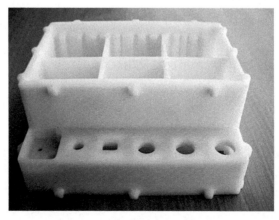

图 2.12　某铸件渗蜡后的原型

（2）金属零件间接烧结技术

在广泛应用的几种快速成型技术中，只有激光选区烧结技术可以通过直接或间接地烧结金属粉末来制作金属材质的原型或零件。金属零件间接烧结技术使用的材料为混合了树脂材料的金属粉末材料，激光选区烧结技术主要实现包裹在金属粉末表面树脂材料的黏结。其技术过程如图 2.13 所示。由图中可知，整个工艺过程主要分三个阶段：一是激光选区烧结原型件制作，二是褐件制作，三是金属熔渗后处理。

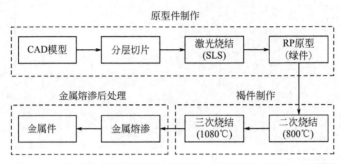

图 2.13　基于激光选区烧结技术的金属零件间接烧结技术过程

① 激光选区烧结原型件制作关键技术

a. 选用合理的粉末配比：环氧树脂与金属粉末的比例一般控制在 1：5 与 1：3 之间。

b. 加工工艺参数匹配：粉末材料的性质、扫描间隔、扫描层厚、激光功率以及扫描速度等。

② 褐件制作关键技术

烧结温度和时间：烧结温度应控制在合理范围内，烧结时间应适宜。

③ 金属熔渗后处理关键技术

选用合适的熔渗材料及工艺：渗入金属必须比褐件中金属的熔点低。

2.2.3　激光选区烧结技术的优缺点

激光选区烧结技术的优点：

① 材料适应性广。理论上说，能用于激光选区烧结技术的材料涵盖所有加热后能够形成原子键的粉末材料。

② 材料利用率高，未烧结的粉末可反复使用。

③ 无须支撑结构。

激光选区烧结技术的缺点：

① 原型结构疏松、多孔，且有内应力，制作时易变形。

② 烧结件后处理较难。

③ 原型表面粗糙多孔，而且受限于粉末颗粒大小和激光光斑。

④ 成型过程中由于毒害气体和粉尘的产生，会污染环境。

2.2.4　激光选区烧结技术的应用

比较成熟的激光选区烧结技术多利用光纤激光器，在成型舱内充氮气或者氩气，置于高温状态下使金属粉末熔化。具体而言，为使激光器寿命延长，通常利用阵镜系统的移动使激光光斑移动到指定的位置，达到烧结的目的。激光选区烧结技术常用的领域主要有航空航天业、模具制造业和医疗行业。

（1）航空航天业

利用激光选区烧结技术可以制作极其复杂的内部结构，达到减重、提升效率等目的，使得设计不再受到制造方式的约束。在钛合金等高强度合金复杂零部件的加工方面，激光选区烧结技术的效率和性价比大大优于传统铸造、机加工等方式。该技术在欧美的民机军机系统都有大量的应用。

（2）模具制造业

激光选区烧结技术在冷却水道、热流道等方面突破了传统技术的束缚，使模具的加工效率、质量、使用寿命等大大提高。特别是在欧洲，中小型模具已经大量使用该技术，既提高了效率，也达到了低碳制造的目的。图 2.14 为激光选区烧结制造的高尔夫球杆零件以及生产的模具。

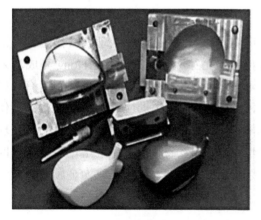

图 2.14　激光选区烧结制造的高尔夫球杆零件以及生产的模具

（3）医疗行业

激光选区烧结技术在牙科、植入体、医疗器械等方面都有广泛的应用。以 EOS M280 设备为例，其可以在 24h 生产 450 ～ 500 个钴铬合金义齿，约等于传统方式 100 个工人的产能，且在能耗方面远低于传统的铸造模式。图 2.15 显示的是激光选区烧结加工的骨科生物支架。

2.2.5　激光选区烧结技术的研究进展

成型材料对激光选区烧结技术成型件的尺寸精度、力学性能及使用性能等起着决定性的作用。目前用于激光选区烧结技术的成型材料主要包括金属基粉末、陶瓷基粉末和高分子基粉末等。

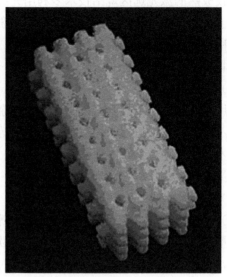

图 2.15　激光选区烧结加工的骨科生物支架

（1）金属基粉末

陈锋等采用激光选区烧结技术制备钨铜药型罩骨架，经过渗铜处理获得接近全致密的钨铜药型罩，通过打靶试验发现其与常规射孔弹相比穿深提高了 52%。Hong 等成功采用 SLS 技术烧结 Ag 纳米粒子制备了金属网格透明导体材料，实验证明该导体材料具有良好的机械性能和导电性能，开拓了激光选区烧结技术在导电材料中的应用。虽然直接法可使金属成型零件接近理论密度，但成型件中的孔隙仍难以完全消除，需要通过冗长的后处理来提升零件的性能。然而由于工艺和设备的持续改善，基于金属粉末完全熔化的激光选区烧结技术得以实现，其在高性能金属零件的直接制造上具有显著优势，成为金属增材制造的主要方法。

（2）陶瓷基粉末

陶瓷材料具有耐高温、强度高、物理化学性质稳定等优点，应用范围较广。目前常用的陶瓷材料有 Al_2O_3、SiC、TiC、Si_3N_4、ZrO_2 和磷酸三钙生物陶瓷（TCP）。在激光选区烧结过程中，陶瓷粉料本身的烧结温度较高，激光对粉末颗粒的辐射时间较短，导致难以直接利用激光使陶瓷粉末连接。因此需要向陶瓷粉末中添加黏结剂，通过黏结剂的融化完成陶瓷粉末烧结。

目前国内外研究陶瓷相粉料的制备方法主要分为 3 种，分别是直接将陶瓷粉料与黏结剂混合、将黏结剂包覆在陶瓷粉料表面以及将陶瓷粉料进行表面改性后再与黏结剂混合。其中，覆膜陶瓷粉末由于颗粒分布更均匀，流动性更好，且黏结剂已润湿陶瓷颗粒表面，因而其激光选区烧结技术成型件具有更高的力学性能。对于覆膜陶瓷粉末的研发工作也已在中北大学、华中科技大学等展开。此外，黏结剂的种类、黏结剂的引入方式以及黏结剂的加入量对于成型精度和成型件的强度有着重要影响。Nelson 等采用激光选区烧结技术成型 SiC

时，分别以聚甲基丙烯酸甲酯（PMMA）和聚碳酸酯（PC）为黏结剂，研究发现相对于采用PC作黏结剂的成型件，用PMMA作黏结剂的成型件的精度有所提高。Xiong等发现使用聚己内酰胺和$NH_4H_2PO_4$的复合黏结剂得到的SiC成型件的质量比使用单一聚己内酰胺黏结剂的高。近年来发展起来的以陶瓷浆料为基础的激光选区烧结技术能够成型高致密度的陶瓷零件，具有更广泛的应用前景。Yen用硅溶胶和聚乙烯醇（PVA）作为黏结剂，再混合去离子水制备SiO_2陶瓷浆料，经激光扫描后得到的陶瓷制件不仅致密度高，而且表面质量也得到了改善。

此外，通常激光选区烧结技术制备的陶瓷件坯体密度较低，力学性能也较差，还需要对坯体进行熔渗、热等静压和脱脂、高温烧结等后处理。史玉升等通过溶剂沉淀法将黏结剂尼龙-12覆膜至纳米氧化锆粉末的表面，再对复合粉末进行激光选区烧结技术——冷等静压成型、脱脂和高温烧结，最终陶瓷制件的致密度大于97%，维氏硬度达1180HV。魏青松等研究了SLS技术和高温烧结工艺对堇青石（$2MgO \cdot 2Al_2O_3 \cdot 5SiO_2$）陶瓷强度和孔隙率的影响规律，并且应用优化工艺成型出复杂多孔堇青石陶瓷，其可满足车载蜂窝陶瓷催化剂载体抗压强度和孔隙率要求，如图2.16所示。

图2.16　SLS技术结合高温烧结工艺成型的复杂多孔堇青石陶瓷

（3）高分子基粉末

高分子材料与金属、陶瓷材料相比，具有成型温度低、烧结所需的激光功率小等优点，且工艺条件相对简单。因此，高分子基粉末成为SLS技术中应用最早和最广泛的材料。已用于激光选区烧结技术的高分子材料主要是非结晶性和结晶性热塑性高分子材料及其复合材料。其中非结晶性高分子材料包括聚碳酸酯（PC）、聚苯乙烯（PS）、高抗冲聚苯乙烯（HIPS）等。非结晶性高分子材料在烧结过程中因黏度较高，造成成型速率低，使成型件呈现低致密性、低强度和多孔隙的特点。由此，史玉升等通过后处理浸渗环氧树脂等方法来提高PS或PC成型件的力学性能，最终制件能够满足一般功能件的要求。虽然非结晶性高分子成型件的力学性能不高，但其在成型过程中不会发生体积收缩现象，能保持较高的尺寸精度，因而常被用于精密铸造。如 EOS 公司和 3D Systems 公司以 PS 粉为基体分别研制出 Prime Cast100 型号和 Cast Form 型号的粉末材料，用于熔模铸造。廖可等通过浸蜡处理来提高 PS 烧结件的表面光洁度和强度，之后采用熔模铸造工艺浇注成结构精细、性能较高的铸件。

　　3D Systems 公司和 EOS 公司都将聚酰胺（PA）粉末作为激光选区烧结的主导材料，并推出了以 PA 为基体的多种复合粉末材料，如 3D Systems 公司推出以玻璃微珠作填料的尼龙粉末 DuraFo、rm GF，EOS 公司推出碳纤维 / 尼龙复合粉末 CarbonMide，等。国内湖南华曙高科也基于 PA 重点研发出多种复合粉末材料，并成功应用于航天和汽车零部件制造，华曙高科采用 PA 复合粉末材料成型的复杂零部件见图 2.17。

图 2.17　华曙高科采用 PA 复合粉末材料成型的复杂零部件

2.3　熔融沉积成型技术（FDM）▶▶▶

　　熔融沉积成型（Fused Deposition Modeling, FDM）技术是由美国学者 Scott Crump 于 1988 年研制成功的。

　　熔融沉积成型技术是一种将各种热熔性的丝状材料（蜡、ABS 和尼龙等）加热熔化成型的方法，是 3D 打印技术的一种，又可称为熔丝成型（Fused Filament Modeling，FFM）或熔丝制造（Fused Filament Fabrication，FFF）。热熔性材料的温度始终稍高于固化温度，而成型部分的温度稍低于固化温度。热熔性材料挤出喷嘴后，随即与前一个层面熔结在一起。一个层面沉积完成后，工作台按预定的增量下降一个层的厚度，再继续熔喷沉积，直至完成整个实体零件。

2.3.1　熔融沉积成型技术原理

熔融沉积成型技术先用 CAD 软件构建出物体的 3D 立体模型图，将物体模型图输入到熔融沉积成型的装置中。熔融沉积成型装置的喷嘴会根据模型图，一层一层移动，同时熔融沉积成型装置的加热头会注入热塑性材料［ABS（丙烯腈 - 丁二烯 - 苯乙烯共聚物）树脂、聚碳酸酯、PPSF（聚苯砜）树脂、聚乳酸和聚醚酰亚胺等］。材料被加热到半液体状态后，在电脑的控制下，熔融沉积成型装置的喷嘴就会沿着模型图的表面移动，将热塑性材料挤压出来，在该层中凝固形成轮廓。熔融沉积成型装置会使用两种材料来执行打印的工作，分别是用于构成成品的建模材料和用作支架的支撑材料，透过喷嘴垂直升降，材料层层堆积凝固后，就能由下而上形成一个 3D 打印模型的实体。打印完成的实体，就能进行最后的步骤，剥除固定在零件或模型外部的支撑材料或用特殊溶液将其溶解，即可使用该零件。图 2.18 为熔融沉积成型技术原理示意图。

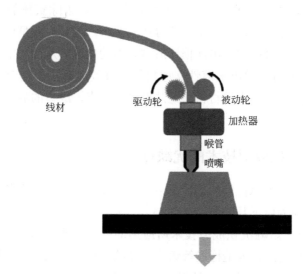

线材　　驱动轮　　被动轮　　加热器　　喉管　　喷嘴

图 2.18　熔融沉积成型技术原理示意图

2.3.2　熔融沉积成型技术过程

熔融沉积成型技术过程主要包括：建立三维实体模型、STL 文件数据转换、分层切片加入支撑、逐层熔融沉积制造和后处理，如图 2.19 所示。

（1）建立三维实体模型

设计人员根据产品的要求，利用计算机辅助设计软件设计出三维 CAD 模型。常用的设计软件有：Pro/Engineer、SolidWorks、MDT、AutoCAD、UG 等。

图 2.19　熔融沉积成型技术过程

（2）STL 文件数据转换

用一系列相连的小三角平面来逼近曲面，得到 STL 格式的三维近似模型文件。许多常用的 CAD 设计软件都具有这项功能。

（3）分层切片加入支撑

由于快速成型是将模型按照一层层截面加工累加而成的，所以必须将 STL 格式的三维 CAD 模型转化为快速成型系统可接受的层片模型。

（4）逐层熔融沉积制造

产品的制造包括两个方面：支撑制作和实体制作。

（5）后处理

熔融沉积成型的后处理主要是对原型进行表面处理。去除实体的支撑部分，对部分实体表面进行处理，使成型精度、表面粗糙度等达到要求。但是，成型的部分复杂和细微结构的支撑很难去除，在处理过程中会出现损坏成型表面的情况，从而影响成型的表面品质。于是，1999 年 Stratasys 公司开发出水溶性支撑材料，有效地解决了这个难题。目前，我国自行研发的熔融沉积成型技术的支撑材料还无法做到这一点，成型的后处理仍然是一个较为复杂的过程。

2.3.3　熔融沉积成型技术的优缺点

熔融沉积成型技术之所以能够得到广泛应用，主要是因为其具有其他快速成型技术所不具备的优势，具体表现为以下几方面。

① 成型材料广泛。熔融沉积成型技术所应用的材料种类很多，主要有聚乳酸（PLA）、ABS、尼龙、石蜡、铸造蜡、人造橡胶等熔点较低的材料，及低熔点金属、陶瓷等丝材，可以用来制作金属材料的模型件或 PLA 塑料、尼龙等零部件和产品。

② 成本相对较低。因为熔融沉积成型技术不使用激光，与其他使用激光器的快速成型技术相比较，它的制作成本很低。除此之外，其原材料利用率很高，并且几乎不产生任何污染，而且在成型过程中没有化学变化的发生，在很大程度上降低了成型成本。

③ 后处理过程比较简单。熔融沉积成型技术所采用的支撑结构一般很容易去除，尤其是模型的变形比较微小时，原型的支撑结构只需要经过简单的剥离就能直接使用。出现的水溶性支撑材料也使支撑结构更易剥离。

此外，熔融沉积成型技术还有以下优点：用石蜡成型的制件，能够快速直接地用于熔模铸造；能制造任意复杂外形曲面的模型件；可直接制作彩色的模型制件。

当然，和其他快速成型技术相比较，熔融沉积成型技术在以下方面还存在一定的不足：

① 只适用于中小型模型件的制作。

② 成型零件的表面条纹比较明显。

③ 厚度方向的结构强度比较薄弱。因为挤出的丝材是在熔融状态下进行层层堆积，而相邻截面轮廓层之间的黏结力是有限的，所以成型制件在厚度方向上的结构强度较弱。

④ 成型速度慢，成型效率低。在成型加工前，由于熔融沉积成型技术需要设计并制作支撑结构，同时在加工的过程中，需要对整个轮廓的截面进行扫描和堆积，因此需要较长的成型时间。

2.3.4 熔融沉积成型技术的应用

熔融沉积成型技术已被广泛应用于汽车、机械、航空航天、家电、通信、电子、建筑、医学、玩具等领域的产品的设计开发过程，如产品外观评估、方案选择、装配检查、功能测试、用户看样订货、塑料件开模前校验设计以及少量产品制造等，用传统方法需几个星期、几个月才能制造的复杂产品原型，用熔融沉积成型技术无需任何刀具和模具，短时间内便可完成。

（1）汽车工业

随着汽车工业的快速发展，人们对汽车轻量化、缩短设计周期、节约制造成本等方面提出了更高的要求，而3D打印技术的出现为满足这些需求提供了可能。2013年，世界首款3D打印汽车Urbee 2面世（图2.20），彻底打开了3D打印技术在汽车制造领域应用的大门。在汽车生产过程中，大量使用热塑性高分子材料制造装饰部件和部分结构部件。与传统加工方法相比，熔融沉积成型技术可以大大缩短这些部件的制造时间，在制造结构复杂部件方面更是将优势展现得淋漓尽致。利用熔融沉积成型技术生产的汽车零部件包括后视镜、仪表盘、出口管、卡车挡泥板、车身格栅、门把手、光亮饰、换挡手柄模具型芯、冷却水道等。其中，冷却水道采用传统的制造方法几乎无法实现，而采用熔融沉积成型技术制造的冷

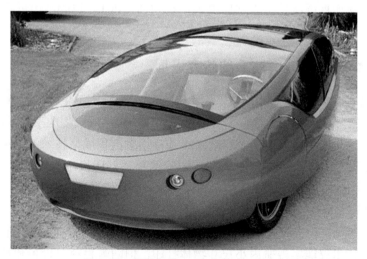

图2.20　世界首款3D打印汽车Urbee 2

却系统，冷却速度快，部件质量明显提高。此外，熔融沉积成型技术还可以进行多材料一体制造，如轮毂和轮胎一体成型，轮毂部分采用丙烯腈 - 丁二烯 - 苯乙烯树脂，轮胎部分采用橡胶材料。

目前，在汽车零件制造方面，已经有百余种零件能够采用熔融沉积成型技术进行大规模生产，而且可制造零件种类和制造速度这两个关键数值仍在继续上升。在赛车等特殊用途汽车制造方面，个性化设计以及车体和部件结构的快速更新的需求也将进一步推进 FDM 技术在汽车制造领域的发展和应用。

（2）航空航天

随着人类对天空以及地球外空间的逐步探索，进一步减轻飞行器的质量就成为设备改进与研发的重中之重。采用熔融沉积成型技术制造的零件由于所使用的热塑性工程塑料密度较低，与使用其他材料的传统加工方法相比，所制得的零件质量更轻，符合飞行器改进与研发的需求。在飞机制造方面，波音公司和空客公司已经应用熔融沉积成型技术制造零部件。例如，波音公司应用熔融沉积成型技术制造了包括冷空气导管在内的 300 种不同的飞机零部件；空客公司应用熔融沉积成型技术制造了 A380 客舱使用的行李架。

（3）医疗卫生

在医疗行业中，一般患者在身体结构、组织器官等方面存在一定差异，医生需要采用不同的治疗方法、使用不同的药物和设备才能达到最佳的治疗效果，而这导致治疗过程中往往不能使用传统的量产化产品。熔融沉积成型技术个性化制造这一特点则符合了医疗卫生领域的要求。目前，熔融沉积成型技术在医疗卫生领域的应用以人体模型制造和人造骨移植材料为主。

精确打印器官等人体模型的作用并不只局限于提高手术效果。在当今供体越发稀少和潜在供体不匹配等情况下，通过熔融沉积成型技术制造的外植体为解决这一紧急问题提供了一种全新的方法。例如，2013 年 3 月，美国 OPM 公司打印出聚醚醚酮（PEEK）材料的骨移植物（图 2.21），并首次成功地替换了一名患者病损的骨组织；荷兰乌得勒支药学研究所利用羟甲基乙交酯（HMG）与 ε- 己内酯的共聚物（PHMGCL），通过熔融沉积成型技术得到 3D 组织工程支架；新加坡南洋理工大学仅用聚 ε- 己内酯（PCL）也制造出可降解的 3D 组织工程支架。

2.3.5 熔融沉积成型技术的研究进展

熔融沉积成型技术已经在诸如汽车制造、航空航天、医疗卫生和教育教学等多个领域内取得了非常好的实际运用效果。综合来看，个性化生产是熔融沉积成型技术区别于传统成型技术最为突出的特点，也是以上所有行业最终选择熔融沉积成型技术的最重要的原因之一。而相较于其他 3D 打印技术，FDM 技术具有原理简单、打印机结构简洁、作为打印材料的热塑性工程塑料相比于激光选区烧结技术和光固化成型技术所使用的粉状原料更易使用及储存等优点，这些都是熔融沉积成型技术被广泛使用的原因。

可以预见，熔融沉积成型技术在现有应用领域的前景仍十分广阔。以航天应用为例，目前熔融沉积成型技术仅能实现舱内小尺寸物体打印，但随着材料、设备和打印技术的进步，熔融沉积成型技术有望实现舱外大尺寸结构部件的 3D 打印，包括舱体、卫星甚至空间站。而且，在太空特殊环境下，熔融沉积成型技术将来有可能实现材料回收再利用，解决太空原材料输送成本高、废弃物品形成太空垃圾等诸多问题。

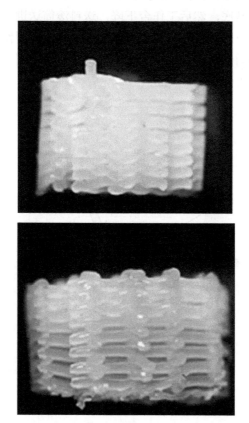

图 2.21　3D 打印聚醚醚酮（PEEK）材料的骨移植物

随着技术的进步，熔融沉积成型技术应用会越来越广泛，应用的领域也会逐渐增多，但是有些应用领域在目前条件下尚不具备成熟技术，例如微观熔融沉积成型技术。如果微观熔融沉积成型技术未来成为可能，在材料微结构设计成型方面将实现跨越式发展。

2.4　薄材叠层制造技术（LOM）▶▶▶

薄材叠层制造技术（Laminated Object Manufacturing，LOM）是几种最成熟的快速成型制造技术之一。这种制造方法和设备自 1991 年问世以来，得到迅速发展。由于薄材叠层制造技术多使用纸材，成本低廉，制件精度高，而且制造出来的木质原型具有外在的美感性和一些特殊的品质，因此受到了较为广泛的关注，在产品概念设计可视化、造型设计评估、装配检验、熔模铸造型芯、砂型铸造木模、快速制模母模以及直接制模等方面得到了迅速应用。

2.4.1 薄材叠层制造技术原理

薄材叠层制造技术的原理示意图如图 2.22 所示。薄材叠层制造技术系统由计算机、原材料存储及送进机构、热粘压机构、激光切割系统、可升降工作台及数控系统和机架等组成。首先在工作台上制作基底，然后工作台下降，送料滚筒送进一个步距的纸材，工作台回升，热压滚筒滚压背面涂有热熔胶的纸材，将当前叠层与原来制作好的叠层或基底粘贴在一起，切片软件根据模型当前层面的轮廓控制激光器进行层面切割，逐层制作，当全部叠层制作完毕后，再将多余废料去除。

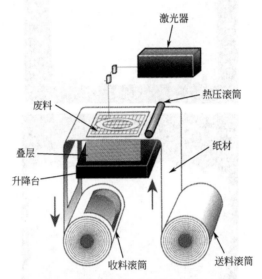

图 2.22　薄材叠层制造技术的原理示意图

2.4.2 薄材叠层制造技术过程

薄材叠层制造技术的全过程如图 2.23 所示，可以归纳为前处理、分层叠加、后处理 3 个主要步骤。具体地说，薄材叠层制造技术的过程大致如下。

（1）前处理阶段

通过三维造型软件进行产品的三维模型构造，得到的三维模型转换为 STL 格式，再将 STL 文件导入到专用的切片软件中进行切片。

（2）基底制作

由于工作台需频繁起降，必须将 LOM 原型的叠件与工作台牢固连接，这就需要制作基底。通常设置 3 ～ 5 层的叠层作为基底，为了使基底更牢固，可以在制作基底前给工作台预热。

（3）原型制作

制作完基底后，快速成型机就可以根据事先设定好的加工工艺参数自动完成原型的加工制作，而工艺参数的选择与原型制作的精度、速度以及质量有关。其中重要的参数有激光切割速度、热压滚筒温度、激光能量、破碎网格尺寸等。

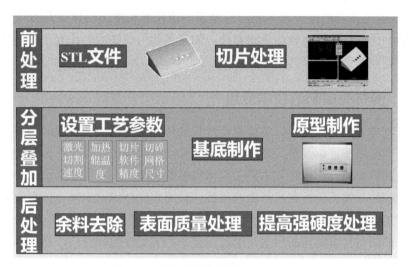

图 2.23　薄材叠层制造技术的全过程

（4）余料去除

余料去除是一个极其烦琐的辅助过程，它需要工作人员仔细、耐心，并且最重要的是要熟悉制件的原型，这样在剥离的过程中才不会损坏原型。

（5）后置处理

余料去除以后，为提高原型表面质量或需要进一步翻制模具，需对原型进行后置处理，如防水、防潮、加固并使其表面光滑等。只有经过必要的后置处理工作，才能满足原型表面质量、尺寸稳定性、精度和强度等要求。

2.4.3　薄材叠层制造技术优缺点

该技术的优点比较明显，主要有以下几点：

① 制件精度高。由于在材料的切割成型中，纸材一直都是固态的，LOM 制件没有内应力，而且翘曲变形小。在 X 方向和 Y 方向的精度是 $0.1 \sim 0.2\text{mm}$，在 Z 方向的精度是 $0.2 \sim 0.3\text{mm}$。

② 制件硬度高，力学性能良好。该技术的制件可以进行多种切削加工，并承受高达 200℃的温度。

③ 成型速度较快。该技术不需要对整个断面进行扫描，而是沿着工件的轮廓由激光束进行切割，使得其具有较快的成型速度，因此可以用于结构复杂度较低的大型零件的加工。

④ 支撑结构不需要额外设计和加工，成型过程中的废料、余料很容易去掉，不需要进行后固化处理。

该技术的主要缺点有：

① 材料利用率低，无用的空间均成为废料，丧失了增材制造的优越性。

② 制件原型的抗拉强度和弹性都比较差，且无法直接制作塑料原型。

③ 需要对制件原型进行防潮后处理，这是因为其原材料为纸材，在潮湿环境下容易膨胀，所以可以考虑用树脂对制件进行喷涂，防止制件遇潮膨胀。

④ 制件原型还需要进行一些其他的后处理，该技术制作出的原型具有像台阶一样的纹路，因此只能制作一些结构比较简单的零件，如果需要用该技术制作复杂的造型，那么需要在成型后，对制件的表面进行打磨、抛光等。

2.4.4 薄材叠层制造技术应用

随着汽车制造业的迅猛发展，车型更新换代的周期不断缩短，导致对与整车配套的各主要部件的设计也提出了更高要求。其中，汽车车灯组件的设计，要求在内部结构满足装配和使用要求外，其外观的设计也必须达到与车体外形的完美统一。这些要求使车灯设计与生产的专业厂家传统的开发手段受到了严重的挑战。快速成型技术的出现，较好地迎合了车灯结构与外观开发的需求。图 2.24 为某车灯配件公司为国内某大型汽车制造厂开发的某型号轿车车灯薄材叠层制造技术制作的原型，通过与整车的装配检验和评估，显著提高了该组车灯的开发效率和成功率。

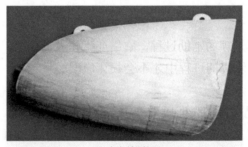
(a) 汽车前照灯

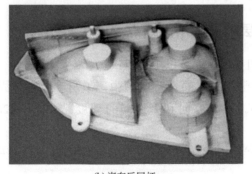
(b) 汽车后尾灯

图 2.24 薄材叠层制造技术制作的汽车车灯模型

某机床操作手柄为铸铁件，人工方式制作砂型铸造用的木模十分费时困难，而且精度得不到保证。随着 CAD/CAM 技术的发展和普及，具有复杂曲面形状的手柄的设计直接在 CAD/CAM 软件平台上完成，借助快速成型技术尤其是薄材叠层制造技术，可以直接由 CAD 模型高精度地快速制作砂型铸造的木模，克服了人工制作的局限和困难，极大地缩短了产品生产的周期并提高了产品的精度和质量。图 2.25 为铸铁手柄的 CAD 模型和薄材叠层制造原型。

图 2.25　铸铁手柄的 CAD 模型和薄材叠层制造原型

2.5　其他 3D 成型技术 ▶▶▶

2.5.1　喷射成型工艺

喷射成型（Spray Forming）是 20 世纪 60 年代提出的学术思想，经过多年的发展，20 世纪 80 年代逐渐成为一种成熟的快速凝固新技术。喷射成型是用快速凝固方法制备大块、致密材料的高新科学技术，它把液态金属的雾化（快速凝固）和雾化熔滴的沉积（熔滴动态致密化）自然地结合起来，以最少的工序，直接制备整体致密并具有快速凝固组织特征的块状金属材料或坯件。

喷射成型技术与传统的铸造、铸锭冶金、粉末冶金相比具有明显的技术和经济优势，近年来被广泛用于研制和开发高性能金属材料，如铝合金、铜合金、特殊钢、高温合金、金属间化合物以及金属基复合材料等，可制备圆柱形棒料或铸坯、板材、管件、环形件、覆层管等不同形状的成品、半成品或坯料。喷射成型材料已进入产业化应用阶段，用于冶金工业、汽车制造、航空航天、电子信息等多个领域，在国内外得到了快速的发展。

喷射成型主要由合金熔液的雾化、雾化熔滴的飞行与冷却、沉积坯的生长三个连续过程构成。其成型过程如图 2.26 所示，其基本原理为：在高速惰性气体（氩气或氮气）的作用下，将熔融金属或合金液流雾化成弥散的液态颗粒，并将其喷射到水冷的金属沉积器上，迅速形成高速致密的预成型毛坯。

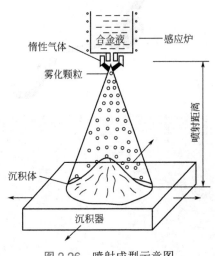

图 2.26　喷射成型示意图

喷射成型工艺具有以下主要特点：

① 喷射成型后的合金具有细小的等轴晶与球状组织。晶粒大小一般在 $10 \sim 100 \mu m$。喷射成型制备的合金材料会处于退火状态，使合金能够进一步均匀化和变形。

② 生产工序简单且工艺成本较低。将雾化和沉积成型两个过程合为一体，可直接通过金属液体制取快速凝固预成型的毛坯，并大幅简化了材料的加工制备工序，提高生产效率，降低生产成本。

③ 金属液能增大固溶度，不易被氧化。由于金属液可以一次成型，因此能够进一步避免因储存、运输等工序导致的合金氧化，减小金属被污染的可能性。

④ 合金材料本身都会拥有较高的致密度，金属雾化液滴会以较高的速度撞击到最终的沉积盘上，使其能够很好地结合在一起。

⑤ 喷射成型后，合金材料拥有较高的喷射沉积效率。

⑥ 过程复杂，工艺参数多。喷射成型中的可控调整参数有近 10 个，过程中的参数则更多，喷射成型工艺各参数之间会产生相互制约并相互影响。

喷射成形主要应用在钢铁产品以及铝合金方面。

（1）钢铁

喷射成型工艺在轧辊方面的应用已经表现出突出的优势。例如，日本住友重工铸锻公司利用喷射成型技术使得轧辊的寿命提高了 $3 \sim 20$ 倍。该公司已向实际生产部门提供了 2000

多个型钢和线材轧辊，最大尺寸为外径 800mm、长 500mm。该公司正致力于冷、热条带轧机使用的大型复合轧辊的直接加工成型研究。

英国制辊公司及 Osprey 金属公司等单位的一项联合研究表明，采用芯棒预热以及多喷嘴技术，能够将轧辊合金直接结合在钢质芯棒上，从而解决了先生产环状轧辊坯，再装配到轧辊芯棒上的复杂工艺问题，并在 17Cr 铸铁和 018V315Cr 钢的轧辊生产上得到了应用。

喷射成型工艺在特殊钢管的制备方面也获得重要进展。比如，瑞典 Sandvik 公司已应用喷射成型技术开发出直径达 400mm、长 8000mm、壁厚 50mm 的不锈钢管及高合金无缝钢管，而且正在开展特殊用途耐热合金无缝管的制造。美国海军部所建立的 5t 喷射成型钢管生产设备，可生产直径达 1500mm、长度达 9000mm 的钢管。喷射成型工艺在复层钢板方面也显示出应用前景。Mannesmann Demag 公司采用该工艺已研制出一次成型的宽 1200mm、长 2000mm、厚 8～50mm 的复层钢板，具有明显的经济性。

（2）铝合金

① 高强铝合金。如 Al-Zn 系超高强铝合金。由于 Al-Zn 系合金的凝固结晶范围宽，密度差异大，采用传统铸造方法生产时，易产生宏观偏析且热裂倾向大。喷射成型技术的快速凝固特性可以很好解决这一问题。在发达国家已被应用于航空航天飞行器部件以及汽车发动机的连杆、轴支撑座等关键部件。

② 高比强度、高比模量铝合金。Al-Li 合金具有密度小、弹性模量高等特点，是一种具有发展潜力的航空航天用结构材料。铸锭冶金法在一定程度上限制了 Al-Li 合金性能潜力的充分发挥。喷射成型快速凝固技术为 Al-Li 合金的发展开辟了一条新的途径。

③ 低膨胀、耐磨铝合金。如过共晶 Al-Si 系高强耐磨铝合金。该合金具有热膨胀系数低、耐磨性好等优点，但采用传统铸造工艺时，会形成粗大的初生 Si 相，导致材料性能恶化。喷射成型的快速凝固特点有效地克服了这个问题。喷射成型 Al-Si 合金已被制成轿车发动机气缸内衬套等部件。

④ 耐热铝合金。如 Al-Fe-V-Si 系耐热铝合金。该合金具有良好室温和高温强韧性、良好的耐蚀性，可以在 150～300℃甚至更高的温度范围使用，部分替代在这一温度范围工作的钛合金和耐热钢，以减轻质量、降低成本。喷射成型工艺可以通过最少的工序直接从液态金属制取具有快速凝固组织特征、整体致密、尺寸较大的坯件，从而可以解决传统工艺的问题。

⑤ 铝基复合材料。将喷射成型技术与铝基复合材料制备技术结合在一起，开发出一种"喷射共成型（Spray Co-deposiion）"技术，很好地解决了增强粒子的偏析问题。

2.5.2 选区激光熔化技术

选区激光熔化技术（Selective Laser Melting，SLM）的工作原理与激光选区烧结技术（SLS）类似。两者的区别主要在于粉末的结合方式不同，SLS 是一种通过低熔点金属或者黏结剂的熔化把高熔点的金属粉末或非金属粉末黏结在一起的液相烧结方式，SLM 技术主要是将金属粉末完全熔化，因此其要求的激光功率密度明显高于 SLS。图 2.27 为选区激光熔化技术的材料、成型过程以及成型产品。

选区激光熔化技术的工作原理（图 2.28）是先将零件的三维数模完成切片分层处理并导

入成型设备后，水平刮板首先把薄薄的一层金属粉末均匀地铺在基板上，高能量激光束按照三维数模当前层的数据信息选择性地熔化基板上的粉末，成型出零件当前层的形状，然后水平刮板在已加工好的层面上再铺一层金属粉末，高能激光束按照数模的下一层数据信息进行选择熔化，如此往复循环直至整个零件完成制造。

图 2.27　选区激光熔化技术的材料、成型过程以及成型产品

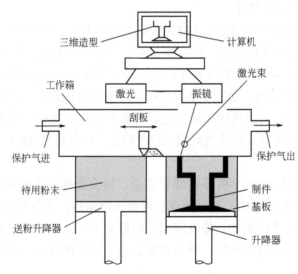

图 2.28　选区激光熔化技术工作原理示意图

2.6　复习与思考 ▶▶▶

1. 光固化成型技术的原理是什么？
2. 光固化成型技术常用的材料是什么？
3. 简述光固化成型技术的工艺过程。
4. 光固化成型技术的优缺点是什么？
5. 简述激光选区烧结技术的成型原理。

6. 简述激光选区烧结技术的工艺过程。

7. 激光选区烧结技术的优缺点有哪些？

8. 激光选区烧结技术常用的材料有哪些？

9. 简述熔融沉积成型技术的原理。

10. 简述熔融沉积成型技术的工艺过程。

11. 简述熔融沉积成型技术的优缺点。

12. 简述熔融沉积成型技术应用范围。

13. 简述薄材叠层制造技术的工艺原理。

14. 简述薄材叠层制造技术的工艺过程。

15. 简述薄材叠层制造技术的优缺点。

16. 喷射成型的原理是什么？

17. 选区激光熔化技术的原理是什么？该技术与激光选区烧结技术有什么区别？

第**3**章

3D 打印材料——高分子材料

高分子化合物是一类由数量巨大的一种或多种结构单元通过共价键结合而成的化合物。高分子材料是指以高分子化合物为基础的材料。

20 世纪 50 年代以来，高分子材料在国民经济中得到了迅猛的发展，种类日趋繁多，产量不断增大。以体积产量计算，高分子材料已远远超越金属材料和无机陶瓷材料，位居材料行业的前列。

目前常用的 3D 打印高分子材料有聚酰胺、聚酯、聚碳酸酯、聚乙烯、聚丙烯和丁腈橡胶等。在光固化成型中低聚物的种类繁多，其中应用较多的主要包括如聚氨酯丙烯酸树脂、环氧丙烯酸树脂、聚丙烯酸树脂以及氨基丙烯酸树脂。

拓展阅读

图 3.1 为利用 3D 打印技术加工的体外支撑器具，采用的是聚醚醚酮（PEEK）材料，该材料是 2013 年经美国食品药品监督管理局（FDA）批准上市的骨植入材料，为一种半结晶高性能聚合物材料，在国际上被认为是未来最有希望取代钛合金材料成为骨植入物原材料的下一代生物材料之一。相较于金属材料，PEEK 的密度与弹性模量更接近于原生骨骼本身，降低了术后的不适感，并可以有效缓解应力遮挡效应，对 X 射线透射呈半透明且无磁性。此外，PEEK 材料力学性能优异，化学惰性好，能耐 200℃以上高温，可反复高温消毒。

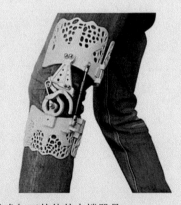

图 3.1　3D 打印技术加工的体外支撑器具

高分子材料在一定温度下具有良好的热塑性，强度合适，流动性好，价格低廉，是增材制造最主流的应用材料之一，应用于 3D 打印技术的高分子材料主要分为工程塑料和光敏树脂两大类。目前市场上常见的应用比较成熟的高分子材料中，ABS 工程塑料常用于 FDM 增材制造，强度高，韧性好，耐冲击，无毒无味，颜色多样，但其在遇冷时尺寸稳定性差，会收缩引发脱落、翘曲或开裂现象，可以通过复合改性提升 ABS 材料物理机械性能。PC 同 ABS 树脂相比，机械性能更出色，高强高弹，耐燃，抗疲劳，抗弯曲，尺寸稳定性好，不易收缩变形，在汽车、航天等对制造强度要求较高的工业领域广泛应用。PLA 是典型的生物塑料，具有良好的生物降解性和生物相容性，对环境无害。相较于 ABS，PLA 材料热稳定性好，制作过程中几乎没有收缩，打印件为半透明状，可观赏性强。但其力学性能较差，可以通过改性研究在一定程度上改善。表 3.1 为常见 3D 打印高分子材料特性。

表 3.1　常见 3D 打印高分子材料特性

名称	PLA	ABS	PC	PA	PEEK
特点	环保生物降解型材料	熔点高	防刮、防冲击	性能稳定	耐高温、耐腐蚀
	原料来源广泛	冷却时会收缩	高强度、耐久性好	可生物降解	自润滑
	熔点低	更易挤出	暴露紫外线下会变得质脆	耐油、耐水、耐磨	韧性、抗疲劳性高
	质脆	具有轻微气味	尺寸稳定性高	抗菌	可用于复合材料开发

3.1　尼龙材料 ▶▶▶

3.1.1　耐用性尼龙材料

（1）耐用性尼龙材料简介

尼龙（Nylon）又称聚酰胺，英文名称 Polyamide（简称 PA），密度 $1.15g/cm^3$，是分子主链上含有重复酰胺基团—NH—CO—的热塑性树脂总称，包括脂肪族 PA、脂肪 - 芳香族 PA 和芳香族 PA。其中脂肪族 PA 品种多，产量大，应用广泛，其命名由合成单体具体的碳原子数而定。尼龙是由美国著名化学家 Carothers 和他的科研小组发明的。

尼龙主要用于合成纤维，其最突出的优点是耐磨性高于其他纤维，比棉花耐磨性高 10 倍，比羊毛高 20 倍。在混纺织物中稍加入一些聚酰胺纤维，可大大提高其耐磨性，当拉伸至 3%～6% 时，弹性回复率可达 100%，能经受上万次屈挠而不断裂。

尼龙的不足之处是在强酸或强碱条件下不稳定，吸湿性强，吸湿后的强度虽比平时强度大，但变形性也大。图 3.2 和图 3.3 分别是尼龙线和尼龙网。

尼龙材料还包括一种特殊的耐用性工程塑料尼龙。一般聚合方法得到的尼龙树脂的分子量很小，在 2 万以下，相对黏度为 2.3～2.6，而工程塑料用的尼龙树脂的相对黏度要求在 2.8～3.5。分子量较大的工程塑料尼龙由于其优越的机械性能、良好的润滑性和稳定性，近年来得到了迅猛的发展。3D 打印使用的耐用性尼龙材料，就是一种工程塑料尼龙。

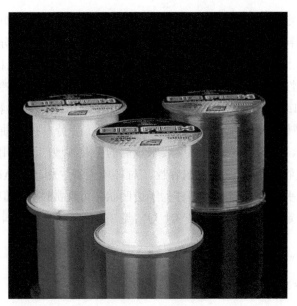

图 3.2 尼龙线

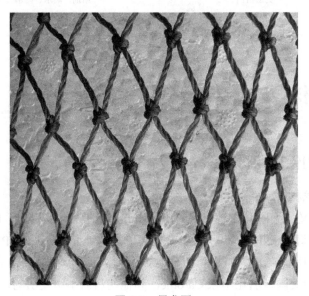

图 3.3 尼龙网

耐用性尼龙材料是一种非常精细的白色粉粒，做成的样品强度高，同时具有一定的柔性，使其可以承受较小的冲击力，并在弯曲状态下抵抗压力。它的表面是一种沙沙的、粉末的质感，也略微有些疏松。耐用性尼龙的热变形温度为110℃，主要应用于汽车、家电、电子消费品、医疗等领域。

（2）耐用性尼龙材料的性能

① 机械强度高，韧性好，有较高的拉伸强度、抗压强度。拉伸强度接近于屈服强度，比 ABS 高一倍多。对冲击、应力振动的吸收能力强，冲击强度比一般塑料高了许多，并优

于缩醛树脂。

② 耐疲劳性能突出，制件经多次反复屈折仍能保持原有机械强度。常见的自动扶梯扶手、新型的自行车塑料轮圈等周期性疲劳作用明显的部件常见应用 PA。

③ 表面光滑，摩擦系数小，耐磨。作活动机械构件时有自润滑性，噪声低，在摩擦作用不太高时可不加润滑剂使用。如果确实需要用润滑剂以减轻摩擦或帮助散热，则水油、油脂等都可选择。

④ 耐腐蚀。十分耐碱和大多数盐液，还耐弱酸、机油、汽油等溶剂，对芳香族化合物呈惰性，可作润滑油、燃料等的包装材料。

⑤ 对生物侵蚀呈惰性，有良好的抗菌、抗霉能力。

⑥ 耐热，使用温度范围宽，可在 $-450 \sim +1000$ ℃下长期使用，短时耐受温度达 $120 \sim 1500$ ℃。

⑦ 有优良的电气性能。在干燥环境下，可作工频绝缘材料，即使在高湿环境下仍具有较好的电绝缘性。

⑧ 制件质量轻、易染色、易成型。因有较低的熔融黏度，能快速流动。易于充模，充模后凝固点高，能快速定型，故成型周期短，生产效率高。

（3）FDM 技术耗材——尼龙 12

当前，多数国内外企业生产、销售的耐用性尼龙材料都只适合于用激光选区烧结技术进行加工，而 Stratasys 公司推出的 FDM 尼龙 12 则是一种主要适用于 FDM 打印方式，用于制造具有高机械强度部件的耐用性尼龙材料，从而体现了与众不同的性能优势，有望成为 3D 打印用耐用性尼龙材料发展的新方向。

尼龙 12 的密度为 1.02g/cm³，在尼龙产品中属于低的；因其酰胺基团含量低，吸水率为 0.25%，也在尼龙中属于低的。尼龙 12 的热分解温度大于 350℃，长期使用温度为 $80 \sim 90$ ℃。尼龙 12 膜的气密性好，水蒸气透过量为 9g/m²。尼龙 12 耐碱、油、无机稀释酸以及芳烃等。图 3.4 是采用 FDM 工艺制备的尼龙组件。

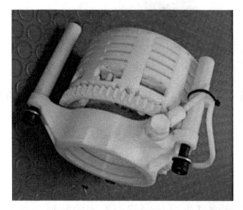

图 3.4 采用 FDM 工艺制备的尼龙组件

（4）耐用性尼龙材料在 3D 打印中的应用

耐用性尼龙材料因具有易于加工和上色的优点，在3D打印领域得到了广泛的应用。目前，3D打印耐用性尼龙材料主要用于制造功能性测试的原型件和不需要工具加工的耐用性成品零件以及满足厂商需求的精密零件的样件。

汽车行业用耐用性尼龙材料生产定制工具、夹具和固定装置，重复卡扣，车床导轨，活动铰链和齿轮，以及用于内饰板、低热进气部件和天线盖的原型。

航空航天中也有尼龙零件的身影，例如，美国公司Metro Aerospace最近推出了3D打印的玻璃填充尼龙微型叶片，旨在减少阻力。通过这种3D打印流程，Metro Aerospace能够确保其飞行级组件的一致性。

医疗领域尼龙可用于原型制作、创建教育解剖模型以及生产医疗最终用途部件。BASF公司的Ultramid聚酰胺最近被用于生产定制的3D打印假肢插座。用碳纤维增强的聚酰胺确保假体保持坚固和轻盈。图3.5是耐用性尼龙材料打印的假肢。

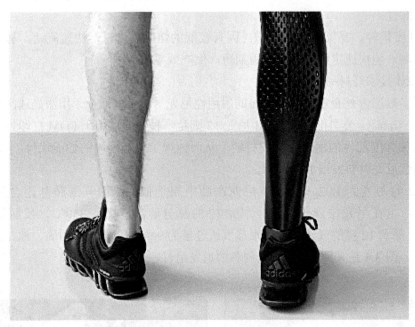

图3.5　3D打印假肢

消费品3D打印，也正在充分利用尼龙。从手机壳到可定制的眼镜，尼龙为各种应用提供灵活的选择。

3.1.2　玻纤尼龙

（1）玻纤尼龙简介

玻纤尼龙材料是在尼龙树脂中加入一定量的玻璃纤维进行增强而得到的塑料。玻纤尼龙材料具有优良的机械力学性能、耐热性、尺寸稳定性、自润滑性和耐磨性、良好的注塑成型性能和着色性能、耐低温等优点。图3.6为玻纤尼龙快速成型的制品。

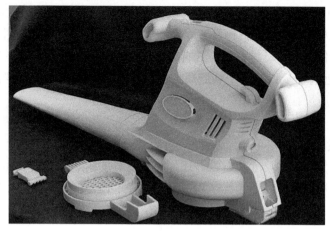

图 3.6　玻纤尼龙快速成型的制品

玻纤尼龙材料主要应用于汽车散热器格栅、发动机部件、汽车反光镜骨架、变压器线圈骨架、电动工具外壳、体育运动器材、机械配件、电梯部件等。

目前，玻纤尼龙在许多领域中正逐步替代铜、铝、钢铁等多种金属材料，节约了大量的金属和能源。近几年，从摩擦学角度对玻纤尼龙材料性能的研究逐渐增多，为正确选择材料提供了更充分的资源。

在 3D 打印领域，玻纤的加入提高了尼龙的机械性能、耐磨性能、触变性能、尺寸稳定性能和抗热变形性能，有效地改善了尼龙的可加工性，使其更吻合 FDM 的制作方式。但同时，玻纤的加入也增加了制品的表面粗糙度，对于制品的外观产生不利影响。

（2）玻纤尼龙在 3D 打印中的应用

① 打印汽车零部件

玻纤尼龙材料轻质高强、紧密、结实、可塑性高，在汽车行业中得到广泛的应用。而当前，在汽车制造领域的应用里，3D 打印技术在国外已经是相对比较成熟的技术，有很多成功的案例。玻纤尼龙早已被广泛用于汽车保险杠、轴承等重要零件的制造。图 3.7 是使用 3D 打印技术制作的汽车歧管。

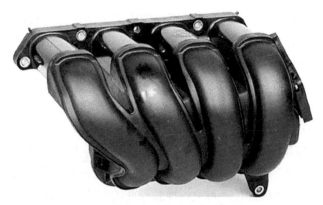

图 3.7　使用 3D 打印技术制作的汽车歧管

在汽车领域中，世界首辆 3D 打印汽车原型 Urbee 2 于 2013 年问世，它是世界第一辆纯 3D 打印混合动力车，其主要材料是玻纤尼龙。Urbee 2 的整个车身使用 3D 打印技术一体成型，因而具有其他片状金属材料所不具有的可塑性和灵活性。整个车的零件打印只需耗时 2500h，生产周期远远小于传统汽车制造周期。此外，玻纤尼龙的低密度保证了车身质量远远低于传统的汽车质量。

② 打印椅子

荷兰设计师设计出一款叫作高迪椅的 3D 打印作品。这把椅子的骨架采用玻纤尼龙材料，不仅拥有高拉伸强度和尺寸稳定性，还保证了良好的耐热性。其表面材料选用热膨胀系数及比强度、比模量等比玻纤更为优越的碳纤维，经过设计师精心打磨，制品晶莹剔透。

3.2 橡胶类材料 ▶▶▶

3.2.1 橡胶简介

人们通常会从三大高分子材料（塑料、橡胶、纤维）之一的地位上来认识橡胶。

橡胶（Rubber）是指具有可逆形变的高弹性聚合物材料，在室温下富有弹性，在很小的外力作用下能产生较大形变，除去外力后能恢复原状。橡胶属于完全无定形聚合物，它的玻璃化转变温度（T_g）低，分子量往往很大，大于几十万。橡胶分为天然橡胶与合成橡胶两种。天然橡胶是从橡胶树、橡胶草等植物中提取胶质后加工制成；合成橡胶则由各种单体经聚合反应而得。橡胶制品广泛应用于工业或生活各方面。

橡胶的架构主要有三种：线型结构、支链结构和交联结构。

线型结构：未硫化橡胶的普遍结构。由于分子量很大，无外力作用下，大分子链呈无规卷曲线团状。当外力作用，撤除外力，线团的纠缠度发生变化，分子链发生反弹，产生强烈的复原倾向，这便是橡胶高弹性的由来。

支链结构：橡胶大分子链的支链聚集，形成凝胶。凝胶对橡胶的性能和加工都不利。在炼胶时，各种配合剂往往进不了凝胶区，形成局部空白，从而形成不了补强和交联，使凝胶区成为产品的薄弱部位。

交联结构：线型分子通过一些原子或原子团的架桥而彼此连接起来，形成三维网状结构。随着硫化历程的进行，这种结构不断加强。这样，链段的自由活动能力下降，可塑性和伸长率下降，强度、弹性和硬度上升，压缩永久变形和溶胀度下降。

橡胶可以从一些植物的树汁中取得（如天然橡胶），也可以通过人造得到（如丁苯橡胶等），而两者均有相当多的应用产品，如轮胎、垫圈等。橡胶类材料颜色多为无色或浅黄色，加炭黑后显黑色，如图 3.8 所示。

橡胶行业是国民经济的重要基础产业之一。它不仅为人们提供日常生活不可或缺的日用、医用等轻工业橡胶产品，而且向采掘、交通、建筑、机械、电子等重工业和新兴产业提供各种橡胶制生产设备或橡胶部件。可见，橡胶行业的产品种类繁多，后向产业十分广阔。

图 3.8　天然橡胶和橡胶制品

3.2.2　橡胶的性能

橡胶是一种在外力作用下能发生较大的形变，当外力解除后，又能迅速恢复其原形状的，能够被硫化改性的高分子弹性体。其形变高达 500%，在去除外力后仍然能恢复形变。橡胶较柔软，弹性模量低，一般在 $10^5 \sim 10^7 \text{N/m}^2$。橡胶的耐磨性与橡胶的强度和柔韧性有关，橡胶的强度越高，柔韧性越好，其耐磨性越好。橡胶具有很强的自补性，机械性能较好，耐寒、耐碱性好，但耐臭氧、耐油、耐溶剂都较差。橡胶的种类繁多，不同的橡胶具有不同的特性，常见的橡胶种类及其特性如表 3.2 所示。

表 3.2　常见的橡胶种类及其特性

橡胶种类	概述	特性
丁腈橡胶（NBR）	由丁二烯与丙烯腈经乳液聚合而得的共聚物，称丁二烯 - 丙烯腈橡胶，简称丁腈橡胶	耐油性最好，对非极性和弱极性油类基本不溶胀 耐热氧老化性能优于天然橡胶、丁苯橡胶等通用橡胶 耐磨性较好，其耐磨性比天然橡胶高 30% ～ 45% 耐化学腐蚀性优于天然橡胶，但对强氧化性酸的抵抗能力较差 弹性、耐寒性、耐屈挠性、抗撕裂性差，变形生热大 电绝缘性能差，属于半导体橡胶，不宜作电绝缘材料使用 耐臭氧性能较差 加工性能较差
三元乙丙橡胶（EPDM）	由乙烯、丙烯为基础单体合成的共聚物	耐老化性能优异，被誉为"无龟裂"橡胶 优秀的耐化学药品性能 卓越的耐水、耐过热水及耐水蒸气性 优异的电绝缘性能 低密度和高填充特性 具有良好的弹性和抗压缩变形性 不耐油 硫化速度慢，比一般合成橡胶慢 3 ～ 4 倍 自黏性和互黏性都很差，给加工工艺带来困难
天然橡胶（NR）	植物中的汁液胶乳经加工制成的高弹性固体	具有优良的物理机械性能、弹性和加工性能

橡胶种类	概述	特性
聚氨酯橡胶（PU）	分子链中含有较多的氨基甲酸酯基团的弹性材料	拉伸强度比所有橡胶高 伸长率大 硬度范围宽 撕裂强度非常高，但随着温度升高而迅速下降 耐磨性能突出，比天然橡胶高9倍 耐热性好，耐低温性能较好 耐老化、耐臭氧、耐紫外线辐射性能佳，但在紫外线照射下易褪色 耐油性良好 耐水性不好 弹性比较高，但滞后热量大，只宜作低速运转制品及薄制品

3.2.3　橡胶类材料在3D打印中的应用

3D打印的橡胶类产品主要有消费类电子产品、医疗设备、卫生用品，以及汽车内饰、轮胎、垫片、电线、电缆包皮和高压绝缘材料、超高压绝缘材料等。它们主要适用于展览与交流模型、橡胶包裹层和覆膜、柔软触感涂层和防滑表面、旋钮、把手、拉手、把手垫片、封条、橡皮软管、鞋类等。

目前，橡胶类材料在3D打印中应用非常广泛，其中有机硅橡胶的使用最为普遍。有机硅橡胶是指分子主链以Si—O键为主，侧基为有机基团（主要是甲基）的一类线型聚合物。其结构中既含有有机基团，又含有无机结构，这种特殊的结构使其成为兼具无机和有机性能的高分子弹性体。近年来，硅橡胶工业迅速发展，为3D打印材料的选择提供了方便。有机硅化合物以及通过它们制得的复合材料品种众多。性能优异的不同有机硅复合材料，已经通过3D打印在人们的日常生活中如农业生产、个人护理及日用品、汽车及电子电气工业等不同领域得到了广泛的应用。在3D打印领域，有机硅橡胶材料因其独特的性能，成为医疗器械生产的首选（图3.9）。

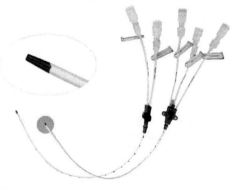

图3.9　3D打印的医用面罩和医用导管

有机硅橡胶材料手感柔软，弹性好，且强度较天然橡胶高。例如，在医疗领域里使用的喉罩要求很高：罩体必须透明便于观察；必须能很好地插入到人体喉部，从而与口腔组织接触；舒适并能反复使用；保持干净清洁。首先，有机硅橡胶外观透明，可以满足各种形状的设计；其次，它与人体接触舒适，具有良好的透气性且生物相容性好，易于保持干净清洁；再次，它的稳定性比较好，能反复进行消毒处理而不老化。因此有机硅橡胶已成为3D打印制备喉罩的首选。有机硅黏结剂是有机硅压敏胶和室温硫化硅橡胶。其中有机硅压敏胶透气性好，长时间使用不容易感染而且容易移除，可作为优良的伤口护理材料。此外，有机硅橡胶还可以用于缓冲气囊、柔软剂等制品的生产。

3.3 ABS 材料 ▶▶▶

3.3.1 ABS 材料简介

ABS（Acrylonitrile-Butadiene-Styrene）是丙烯腈、丁二烯和苯乙烯的三元共聚物，A 代表丙烯腈，B 代表丁二烯，S 代表苯乙烯。ABS 树脂是五大合成树脂之一，其耐冲击性、耐热性、耐低温性、耐化学药品性及电气性能优良，还具有易加工、制品尺寸稳定、表面光泽性好等特点，容易涂装、着色，还可以进行表面喷镀金属、电镀、焊接、热压和黏结等二次加工，广泛应用于机械、汽车、电子电气、纺织和建筑等工业领域，是一种用途极广的热塑性工程塑料。

ABS 为不透明呈象牙色的粒料，无毒、无味、吸水率低并具有90%的高光泽度。ABS 同其他材料的结合性好，易于表面印刷、涂层和镀层处理。

ABS 树脂是目前产量最大、应用最广泛的聚合物之一，它将聚丁二烯、聚丙烯腈、聚苯乙烯的各种性能优点有机地结合起来，兼具韧、硬、刚相均衡的优良力学性能。另外，ABS 树脂可与多种树脂配混成共混物，如 PC/ABS、ABS/PVC、PA/ABS、聚对苯二甲酸丁二酯（PBT）/ABS 等，共混物能产生新性能，用于新的应用领域。在3D打印中，ABS 是FDM 成型工艺常用的热塑性工程塑料。图 3.10 为 ABS 树脂料粒和制品。

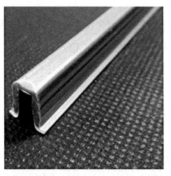

图 3.10　ABS 树脂料粒和制品

3.3.2　ABS 材料的性能

ABS 材料的性能主要分为以下几个方面。

① 常规性能：ABS 塑料无毒、无味，外观呈象牙色半透明或透明颗粒或粉状。密度为 $1.05 \sim 1.18\text{g/cm}^3$，收缩率为 0.4% ~ 0.9%，弹性模量值为 2GPa，泊松比为 0.394，吸湿性 <1%，熔融温度 217 ~ 237℃，热分解温度 >250℃。

② 力学性能：ABS 塑料有优良的力学性能，冲击强度极好，可以在极低的温度下使用；耐磨性优良，尺寸稳定性好，又具有耐油性，可用于中等载荷和低转速下的轴承。ABS 的耐蠕变性比聚砜（PSF）及 PC 大，但比 PA 及聚甲醛（POM）小。

③ 热学性能：ABS 塑料的热变形温度为 93 ~ 118℃，制品经退火处理后还可提高 10℃ 左右。ABS 在 –40℃ 时仍能表现出一定的韧性，可在 –40 ~ 100℃ 的温度范围内使用。

④ 电学性能：ABS 塑料的电绝缘性较好，并且几乎不受温度、湿度和频率的影响，可在大多数环境下使用。

⑤ 环境性能：ABS 塑料不受水、无机盐、碱及多种酸的影响，但可溶于酮类、醛类及氯代烃中，受冰乙酸、植物油等侵蚀会产生应力开裂。ABS 的耐候性差，在紫外光的作用下易产生降解；于户外半年后，冲击强度下降一半。

3.3.3　ABS 材料在 3D 打印中的应用

ABS 塑料是 3D 打印的主要材料之一，之所以能成为 3D 打印的耗材，是其特性决定的，ABS 塑料有耐热性、抗冲击性、耐低温性、耐化学药品性及电气性能优良和制品尺寸稳定等特点。目前 ABS 塑料是 3D 打印材料中最稳定的一种材质。

ABS 材料具有良好的热熔性和冲击强度，是熔融沉积成型技术的首选工程塑料。目前主要是将 ABS 预制成丝、粉末后使用，应用范围几乎涵盖所有日用品、工程用品和部分机械用品，在汽车、家电、电子消费品领域有广泛的应用。

ABS 材料的打印温度为 210 ~ 240℃，加热板的温度为 80℃ 以上。ABS 的玻璃化转变温度（塑料开始软化的温度）为 105℃。如图 3.11 所示是用 ABS 材料打印的制品。

3.3.4　可用于 3D 打印的其他 ABS 系列改性材料

为了进一步提高 ABS 材料的性能，并使 ABS 材料更加符合 3D 打印的实际应用要求，人们对现有 ABS 材料进行改性，开发了 ABS-ESD、ABSplus、ABSi 和 ABS-M30i 四种适用于 3D 打印的新型 ABS 改性材料。

国内关于 ABS 的研究主要集中在共混改性、填充改性、聚合改性等方法上，力求改进 ABS 作为 3D 打印材料使用时收缩率大、成型不佳、成本高、应用范围窄等问题。

（1）ABS-ESD 材料

ESD（Electro-static Discharge）的意思是"静电放电"。ESD 是 20 世纪中期以来形成的研究静电的产生、危害及静电防护等的学科。因此，国际上习惯将用于静电防护的器材统称为 ESD。

ABS-ESD 是美国 Stratasys 公司研发的一种理想的 3D 打印用的抗静电 ABS 材料，材料热变形温度为90℃。该材料具备静电消散性能，可以用于防止静电积累，主要用于易被静电损坏、降低产品性能或引起爆炸的物体。因为 ABS-ESD 可以防止静电积累，因此它不会导致静态振动，也不会造成像粉末、尘土和微粒等微小颗粒的表面吸附。该材料是用于电路板等电子产品包装和运输的理想材料，广泛用于电子元器件的装配夹具和辅助工具。图3.12是 ABS-ESD 电子材料及其制品。

图 3.11　3D 打印的 ABS 的台灯底座

图 3.12　ABS-ESD 电子材料及其制品

　　ABS-ESD 良好的强度、柔韧性、弹性、机械加工性、耐高温性能和较小的密度使其成为 3D 打印常用的热塑性塑料。与 PLA 相比，ABS-ESD 更加柔软，电镀性更好，但不能生物降解。通常建议 ABS-ESD 材料打印喷嘴温度为 230～270℃，底板温度为 120℃。图 3.13

是 ABS-ESD 材料打印的工业手板和汽车零件。

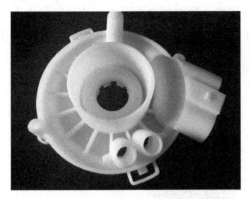

图 3.13　ABS-ESD 材料打印的工业手板和汽车零件

　　用 ABS-ESD 打印的零部件制造成本极低。当前，汽车维修行业多采用换件修理的方式，在维修过程中一旦出现零件供应不足，3D 打印技术就可以提供帮助，以 ABS-ESD 为原料，采用 FDM 打印成型方法便可满足上述需要。图 3.14 是使用 ABS-ESD7 打印的玩具零件。

图 3.14　ABS-ESD7 打印的玩具零件

（2）ABSplus 材料
ABSplus 材料是 Stratasys 公司研发的专用 3D 打印材料，ABSplus 的硬度比普通 ABS 材料大 40%，是理想的快速成型材料之一。ABSplus 具有良好的经济性，设计者和工程师可以重复进行工作、经常性地制作原型以及更彻底地进行测试，从而减少材料浪费。ABSplus 材料价格低廉、非常耐用，能在 FDM 技术的辅助下具有丰富的颜色（象牙色、白色、黑色、深灰色、红色、蓝色、橄榄绿、油桃红以及荧光黄）供人们选择，同时也可选择自定义颜色，让打印过程变得更有效和有乐趣。使用 ABSplus 标准热塑性塑料可以制作出更大面积和更精细的模型。其服务领域涉及航空航天、电子电气、国防、船舶、医疗、通信、汽车等（图 3.15）。

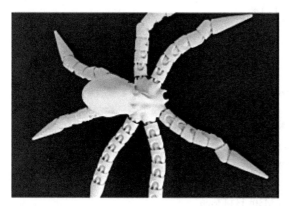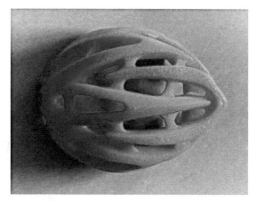

图 3.15　各类 ABSplus 材料打印的制品

（3）ABSi 材料

ABSi 是具有半透明外观或透明略带红色以及琥珀色的 FDM 材料，该材料比 ABS 多了两种特性，即具有半透明度以及较高的耐冲击性，所以命名为 ABSi，i 即代表冲击（impact）。目前大部分 ABSi 的用户为汽车行业设计者，主要应用在制作汽车尾灯原型及其他需要能够让光线穿透的部件（图 3.16）。

图 3.16　半透明的 ABSi 汽车尾灯和转向灯

（4）ABS-M30i 材料

ABS-M30i 材料颜色为白色，是一种高强度材料，具备 ABS 的常规特性，热变形温度接近 100℃。在 3D 打印材料中，ABS-M30i 材料拥有比标准 ABS 材料更好的拉伸性、耐冲击性及抗弯曲性。ABS-M30i 制作的样件通过了生物相容性认证，也可以通过 γ 射线照射及 EtO 灭菌测试。ABS-M30i 材料能够让医疗、制药和食品包装工程师和设计师直接通过 CAD 数据在内部制造出手术规划模型、工具和夹具。ABS-M30i 材料通过与 FORTUS 3D 成型系统配合，能制造出真正的具备优秀医学性能的概念模型、功能原型、制造工具及最终零部件的生物相容性部件，是最通用的 3D 打印成型材料。它在食品包装、医疗器械、口腔外科等领域有着广泛的应用。图 3.17 是 ABS-M30i 材料制品。

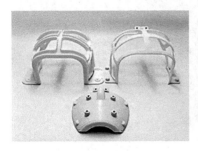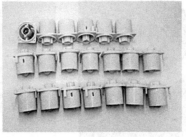

图 3.17　ABS-M30i 材料制品

使用 ABS-M30i 材料，利用 3D 打印技术制造人工骨有着其他传统工艺不可比拟的优势，例如生产周期短、制品强度高、制造过程无须开模具降低成本、成型件形状复杂且与设计数据吻合，其高柔性恰好可以满足人工骨个性化设计制造的要求。在手术中，特别是骨折等手术后，病人往往需要一些支架来固定自己的骨骼，以方便愈合。但是无论是医生还是患者，他们都会遇到同样的问题，就是即使是这些支架有不同的长短和形状，可依旧无法满足病患个性化的需求，总是不能完美地固定这些断了的骨骼，甚至这些骨骼还会继续晃动，如此会降低骨骼的愈合速度和效果。但是现在，随着 3D 打印技术的到来，已经有学者利用 3D 打印机打印出手臂以及塑料体外骨架，这个骨架用的是 ABS 塑料，是一个由铰链金属条和阻力带构成的体外骨架，直接起到了增强手臂的作用。

3.4　其他高分子材料 ▶▶▶

3.4.1　聚乳酸材料

（1）聚乳酸简介

聚乳酸（PLA）是研究和应用最广泛的可再生的、可生物降解的热塑性聚酯，它具有取代传统石油基高分子材料的潜力。PLA 20 世纪 30 年代被科学家合成，但直到 1990 年初才实现商业化。合成 PLA 的主要原料为乳酸，它是一种羟基羧酸，可通过细菌发酵从天然可再生资源中得到。在发酵过程中采用不同的微生物菌种可以获得左旋乳酸和右旋乳酸。理论上来说,可直接通过乳酸的缩聚反应来合成PLA,然而,由于缩聚反应中会生成水,因此很难通过缩聚反应得到高分子量PLA。Nature Works LLC已经开发了一种低成本的PLA连续生产过程。在此过程中,先通过缩合反应形成低分子量的乳酸二聚体丙交酯,然后在催化剂的作用下通过开环聚合将预聚物转化为高分子量PLA,它的最终性能高度依赖于左旋乳酸和右旋乳酸之间的比例。

（2）PLA材料的性能

PLA作为一种非常具有商业价值的生物质高分子材料,具有众多优点:

① PLA不仅可以来自可再生资源如玉米、小麦或大米,而且还可生物降解、可回收和可堆肥,在它的生产制备过程中可以消耗二氧化碳,这些可持续性和生态友好的特性使得PLA成为一种有吸引力的生物质高分子材料;

② 由于良好的生物相容性,PLA在生物医学领域的应用潜力巨大,PLA材料被植入生物体内后会水解为可被人体吸收的 α-羟基酸,美国食品药品监督管理局（FDA）已经批准PLA可以在某些人类临床中应用;

③ 与其他的生物质高分子如聚羟基烷酸酯、聚乙二醇等相比,PLA具有更好的加工性能,可以采用多种多样的加工方式进行加工;

④ PLA的生产过程比石油基高分子材料少消耗25%～55%的能源,据估计在未来这一比例可以进一步提高至60%以上,较低的能耗使得PLA在生产成本方面具有潜在的优势。

尽管如此,PLA也存在一些缺点限制了其在某些领域的应用,这些缺点包括:

① PLA是一种脆性高分子材料,较差的韧性限制了其在高应力水平下需要塑性形变方面的应用,如螺钉和骨折固定板;

② 降解速率通常被认为是生物医学应用的一个重要评判指标,PLA缓慢的降解速率导致PLA植入物在体内存在的时间较长,有报道称在植入后近3年需再次进行手术移除PLA植入物;

③ 纯PLA与水滴的接触角约为80°,是相对疏水的,这导致其较低的细胞黏附性,与生物液体直接接触可能会引起宿主的炎症反应;

④ PLA本身缺乏具有反应活性的侧链基团,难以对其进行表面改性;

⑤ PLA的玻璃化转变温度较低,大约为60℃,因而表现出较差的耐热性能,与其他大多数半结晶聚合物相比,PLA较慢的结晶速率也是导致其耐热性能差的一个主要原因,这限制了PLA在耐高温材料领域的应用。

基于上述缺点,人们通常对PLA进行改性,包括化学改性、物理改性和表面修饰三大类。PLA的化学改性主要是将乳酸单体或PLA低聚物与其他聚合物单体通过缩聚或开环反应形成共聚物,或在PLA的主链上引入反应性基团;PLA的物理改性主要是通过添加增塑剂、与其他聚合物进行共混或与纳米粒子等填料进行复合,以达到预期的机械性能,同时降低生产成本;PLA的表面修饰涉及在聚合物表面进行涂层,或对聚合物表面进行等离子体处理,来增强PLA植入物与细胞之间的相互作用。

由PLA制成的产品除能生物降解外,生物相容性、光泽度、透明度、手感和耐热性也较好。PLA 还具有一定的抗菌性、阻燃性和抗紫外线性，因此用途十分广泛，可用作包装材料、纤维和非织造物等，主要用于服装（内衣、外衣）、产业（建筑、农业、林业、造纸）和医疗卫生等领域。聚乳酸具有良好的物理性能（表 3.3）和力学性能（表 3.4）。

表 3.3　PLA 的物理性能

密度 /(kg/L)	1.20～1.30	玻璃化转变温度 /℃	60～65
熔点 /℃	155～185	传热系数 /[W/(m²·K)]	0.025
特性黏度 /(dL/g)	0.2～8		

表 3.4　PLA 的力学性能

拉伸强度 /MPa	40～60	Izod 冲击强度（无缺口）/(J/m)	150～300
断裂伸长率 /%	4～10	Izod 冲击强度（有缺口）/(J/m)	20～60
弹性模量 /MPa	3000～4000	洛氏硬度	88
弯曲模量 /MPa	100～150		

（3）PLA 材料在 3D 打印中的应用

由于具有良好的生物相容性、加工性及降解性，PLA 及其复合材料被认为是应用前景最好的新型生物高分子材料。用 PLA 材料 3D 打印的制品外观表面较光滑，不翘边，已经被广泛应用于医学模型、骨组织修复支架及药物输送系统等生物医学领域。图 3.18 为以 PLA 为原材料打印的生物可降解支架。

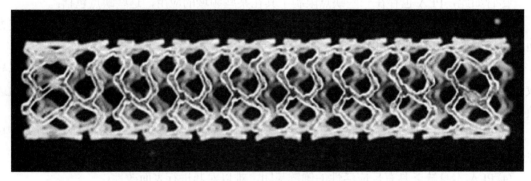

图 3.18　3D 打印 PLA 生物可降解支架

PLA 材料因其卓越的可加工性和生物降解性，已成为目前市面上所有采用 FDM 技术的桌面型 3D 打印机最常使用的材料。

生物医药行业是 PLA 最早开展应用的领域，同时，PLA 也是 3D 打印在生物医用领域最具发展前景的材料。PLA 对人体高度安全，并可被组织吸收，加之其优良的物理机械性能，可应用在生物医药的诸多领域，如一次性输液工具、免拆型手术缝合线、药物缓解包装剂、人造骨折内固定材料、组织修复材料、人造皮肤等。图 3.19 为 PLA 材料 3D 打印出来的用于骨科手术的螺钉。

图 3.19　3D 打印的聚乳酸螺钉

然而，PLA 作为 3D 打印耗材也有其天然的劣势。比如，打印出来的物体性脆，抗冲击能力不足。此外，PLA 的耐高温性较差，物体打印出来后在高温环境下就会直接变形，这也在一定程度上影响了 PLA 在 3D 打印中的应用。

3.4.2　聚碳酸酯材料

（1）聚碳酸酯材料简介

聚碳酸酯（简称 PC）是一种 20 世纪 50 年代末期发展起来的无色高透明度的热塑性工程塑料，分子链中含有碳酸酯基，根据酯基的结构可分为脂肪族、芳香族、脂肪族 - 芳香族等多种类型。其中由于脂肪族和脂肪族 - 芳香族 PC 的机械性能较低，从而限制了其在工程塑料方面的应用。PC 密度为 $1.20 \sim 1.22g/cm^3$，线膨胀率为 $3.8 \times 10^{-5}cm/℃$，热变形温度为 135℃。

PC 材料颜色比较单一，只有白色，但其强度比 ABS 材料高出 60% 左右，具备超强的工程材料属性，广泛应用于电子消费品、家电、汽车制造、航空航天、医疗器械等领域。PC 具有极高的应力承载能力，适用于需要经受高强度冲击的产品，因此也常常被用于果汁机、电动工具、汽车零件等产品的制造。图 3.20 为 PC 粒料和 PC 制品。

（2）PC 材料的性能

PC 是一种耐冲击、韧性高、耐热性高、耐化学腐蚀、耐候性好且透光性好的热塑性聚合物，被广泛应用于眼镜片、饮料瓶等各种产品。PC 最早由德国拜耳公司于 1953 年研发制得，并在 20 世纪 60 年代初实现工业化，20 世纪 90 年代末实现大规模工业化生产，现在已成为产量仅次于聚酰胺的第二大工程塑料。PC 早期是由双酚 A 和光气聚合而成，现在已经不再使用光气进行生产了。

图 3.20　PC 粒料和聚碳酸酯制品

① 热性能

PC 具有很好的耐高低温性质。PC 在 120℃下具有良好的耐热性，其热变形温度达 135℃，热分解温度为 340℃，热变形温度和最高连续使用温度均高于绝大多数脂肪族 PA，也高于几乎所有的通用热塑性塑料。PC 的热导率及比热容都不高，在塑料中属中等水平，但与其他非金属材料相比，仍然是良好的热绝缘材料。

② 力学性能

PC 的分子结构使其具有良好的综合力学性能。如，很好的刚性和稳定性，拉伸强度高达 50～70MPa，拉伸、压缩、弯曲强度均相当于 PA6、PA66，冲击强度高于大多数工程塑料，抗蠕变性也明显优于聚酰胺和聚甲醛。但是，PC 在力学性能上有一定的缺陷，如易产生应力开裂、缺口敏感性高、不耐磨等，因此用其制备一些抗应力材料时需进行改性处理。

③ 电性能

PC 为弱极性聚合物，其电性能在标准条件下虽不如聚烯烃和 PS 等，但耐热性比它们强，所以可在较宽的温度范围保持良好的电性能。因此，该耐高温绝缘材料可以应用于 3D 打印中。

④ 透明性

由于 PC 分子链上的刚性和苯环的体积效应，它的结晶能力比较差。PC 聚合物成型时熔融温度和玻璃化转变温度都高于制品成型的模温，所以它很快就从熔融温度降低到玻璃化转变温度之下，完全来不及结晶，只能得到无定形制品。这使得 PC 具有优良的透明性，它的透光率可达 90%，常被用于一些高透光性产品如个性化眼镜片和灯罩的打印之中。PC 具有高强度与抗弯曲特性，这使它成为制备金属弯曲与复合工作的工具、卡具和图案的理想之选。

（3）PC 在 3D 打印中的应用

PC 的成型收缩率小（0.5%～0.7%），尺寸稳定性高，因而适用于 FDM 技术制备精密仪器中的齿轮、照相机零件、医疗器械的零部件。PC 还具有良好的电绝缘性，是制备电容器的优良材料。PC 的耐温性好，可反复消毒使用，便于制造一些生物医用材料。图 3.21 为采用 PC 材料 3D 打印制造的常见零部件。

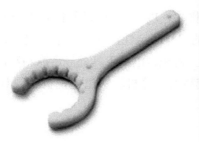

图 3.21　PC 材料 3D 打印品

目前，国内外都非常重视 PC 在 3D 打印技术中的应用，美国已经将 PC 应用于 3D 打印技术制备飞机发动机叶片、燃气涡轮发动机零部件，并计划将其进一步应用于太空轨道修复方面。我国在以 PC 为原料，使用 3D 打印技术制造金属零件及损伤零部件再制造方面也进行了深入的研究，并取得了一系列的研究成果。

目前，随着人们对 3D 打印技术研究的不断深入，PC 应用的很多领域都已开发了多种 3D 打印产品，而 PC 因其可使用 FDM 技术进行加工的便利条件成为这些领域 3D 打印材料的首选。PC 的应用领域如下：

① 建筑行业

在建筑行业传统使用的是无机玻璃，而 PC 材料具有良好的透光性、强的耐冲击性、耐紫外线辐射、尺寸稳定性好及其优异的成型加工性能，所以它比无机玻璃有更多技术性能优势。使用 PC 材料 3D 打印的透明室内装饰材料也早已进入人们生活之中。

② 汽车制造工业

PC 具有良好的耐冲击性，硬度高、耐热畸变性能和耐候性好，因此用于生产轿车和轻型卡车的各种零部件，如保险杠、照明系统、仪表板、除霜器、加热板等。在发达国家，PC 在电子电气、汽车制造业中使用的比例在 40% ～ 50%。目前，中国迅速发展的支柱产业有电子电气和汽车制造业，未来这些领域对 PC 的需求量将是巨大的。

③ 医疗器械领域

PC 制品可经受蒸汽、清洗剂、加热和大剂量辐射消毒，且不发生变黄和物理性能下降，因而被广泛应用于人工肾血液透析设备和需反复消毒的医疗设备中，这些器械需要在透明、直观条件下操作，如医用冻存管支架、高压注射器、一次性牙科用具、外科手术面罩、血液分离器等。

④ 航空航天领域

随着现代社会航空航天技术的迅猛发展，人们对航天器中各种部件的要求也不断提高，使得 PC 在航空航天领域的应用不断增加。据统计，仅一架波音型飞机上所用 PC 部件就达 2500 个，而通过玻璃纤维增强的 PC 部件在宇宙飞船上也有应用。当前，美国等已经开始将 PC 用于 3D 打印航空航天零部件的研发。随着 3D 打印在航空航天领域的进一步发展，PC 在该方向的应用必将得到更大的拓展。

⑤ 电子电气领域

在较宽的温度、湿度范围内，PC 具有良好而恒定的电绝缘性，所以是优良的绝缘材料。其优良的阻燃性和较好的尺寸稳定性，使其在电子电气行业有广阔的应用前景。当前，PC 主要用于生产各种食品加工机械、电动工具外壳、冰箱冷冻室抽屉和真空吸尘器零件等。PC 材料在零部件精度要求较高的计算机、彩色电视机和视频录像机中的重要零部件方面，显示出了极高的使用价值。

（4）PC/ABS 合金材料

① PC/ABS 合金材料简介

PC 是优良的工程塑料，但 PC 制品易产生应力开裂，对缺口敏感性强，加工流动性也欠佳，使其应用受到了一定的限制。为进一步拓展 PC 的应用领域，人们研究出多种改性剂用于改善 PC 的耐冲击性，如部分相容分散型改性剂乙烯 - 乙酸乙烯共聚物（EVA）以及丙烯腈 - 丁二烯 - 苯乙烯接枝共聚物（ABS）、增韧剂丙烯酸酯类（ACR）和一些等离子分散型改性剂。其中以 PC 和 ABS 为主要原料的 PC/ABS 合金是一种重要的工程塑料合金，成本介于 PC 和 ABS 之间，又兼具两者的良好性能，能更好地应用于汽车、电子、电气等行业。

PC/ABS 是聚碳酸酯和丙烯腈 - 丁二烯 - 苯乙烯共聚物的混合物，PC/ABS 材料颜色为黑色，是一种通过混炼后合成的应用最广泛的热塑性工程塑料。PC/ABS 材料既具有 PC 树脂的优良耐热耐候性、尺寸稳定性、耐冲击性和抗紫外线（UV）等性质，又具有 PC 材料所不具备的熔体黏度低、加工流动性好、价格低廉等优点，而且还可以有效降低制品的内应力和冲击强度对制品厚度的敏感性。因此 PC/ABS 材料已代替 PC 用于薄壁、长流程的制品生产中，且在薄壁及复杂形状制品的应用中能保持其优异的性能。同时，PC/ABS 兼具 PC 和 ABS 两种材料的优良特性，耐冲击强度和拉伸强度比上述两种材料高，其热变形温度达到 110℃，所以已成为市场上最广泛使用的注模材料。该材料在 3D 打印领域配合 FORTUS 系统设备制作的 3D 打印样件的强度比传统的 FDM 系统制作的部件强度高出 60% 左右。

② PC/ABS 材料应用领域

PC/ABS 材料的主要应用领域包括以下几个方面：

a. 汽车内外饰：仪表板、饰柱、仪表前盖、格栅等。

b. 商务设备（笔记本 / 台式电脑、复印机、打印机、绘图仪、显示器）的机壳和内置部件。

c. 电信：移动电话外壳、附件以及智能卡（SIM 卡）。

d. 电器产品：电子产品外壳、电表罩和壳体、家用开关、插头和插座、电缆电线管道。

e. 家用电器：洗衣机、吹风机、微波炉的内外部件。

③ PC/ABS 材料与 3D 打印

PC/ABS 专用 3D 打印材料，其工艺细节特征与 ABS 材料非常相似，而性能兼具 PC 的强度以及 ABS 的韧性。同时 PC/ABS 制品也具备良好外观和表面光洁度。对于需要高冲击强度的功能性成型、工具加工以及小批量生产，加电动工具成型以及工业设备制造来说，3D 打印工程师和设计师一般会将 FDM 技术配合 PC/ABS 材料使用以满足用户要求。此外，PC/ABS 完全兼容于 Waterworks 水溶性去支撑材料，打印完成后无须手动移除支撑便可轻松制造出有较深内部腔洞的复杂零件，缩短了模型制造周期。图 3.22 是用 PC/ABS 材料打印的制品。

图 3.22　用 PC/ABS 材料打印的制品

（5）PC-ISO 材料

① PC-ISO 材料简介

PC-ISO 材料是一种通过医学卫生认证的白色热塑性材料，热变形温度为 133℃，主要应用于生物医用领域，包括手术模拟、颅骨修复、牙齿正畸等。它具备很强的机械性能，拉伸强度、抗弯强度都非常好，耐温性高达 150℃。PC-ISO 材料可为病人定制切割和钻孔引导件，可通过 γ 射线或 EtO 消毒。通过医学卫生认证的成型件可以与肉体接触，提高外科手术精度，减少病人外科手术时间和恢复时间，广泛应用于药品及医疗器械行业。同时，因为具备 PC 的所有性能，它也可以用于食品及药品包装行业，做出的样件可以作为概念模型、功能原型、制造工具及最终零部件使用。

② PC-ISO 材料与 3D 打印

随着 3D 打印技术的发展，该技术被越来越多地应用于医学领域。3D 打印技术根据患者的具体情况，制备手术策划模型、定制化假体等，简化了手术操作，缩短了手术时间，提高了手术质量和治疗效果，减少了手术的风险。但目前 3D 打印技术过程制作成本仍较高，而且制备出的个体化修复体生物性能和适应性还有待深入研究。随着个性化、特异性医疗需求的兴起，PC-ISO 材料在 3D 打印生物医学领域方面的应用将会有一个更好的前景。图 3.23 为 PC-ISO 材料的 3D 打印制品。

图 3.23　PC-ISO 材料 3D 打印制品

3.4.3 聚亚苯基砜树脂

（1）聚亚苯基砜树脂材料简介

聚砜树脂是一种新型热塑性工程塑料，于20世纪60年代研制出来，可分为三个系列，分别为聚砜树脂（PSF）、聚醚砜树脂（PESF）和聚亚苯基砜树脂（PPSU）。PPSU作为聚砜树脂的代表，因其具有优异的力学性能、耐热性、阻燃性、抗蠕变性、化学稳定性、透明性等被广泛应用于电子电气工业、汽车工业、医疗卫生和家用食品包装材料等领域。然而，PPSU的刚性过大，导电和导热等性能较差，限制了PPSU在某些领域的应用。为了改善和提高PPSU的性能以及降低PPSU的成本，获得高性能材料，研究人员将PPSU进行共混改性制备高性能合金，如PPSU/ABS、PPSU/PET、PPSU/PC、PPSU/PA等合金材料。

（2）聚亚苯基砜材料的性能

聚亚苯基砜（PPSF）材料是支持FDM技术的新型工程塑料，其颜色为琥珀色，耐热温度为207.2～230℃，材料热变形温度为189℃，适合高温环境。

PPSF可以持续暴露在潮湿和高温环境中而仍能吸收巨大的冲击，不会产生开裂或断裂。若需要缺口冲击强度高、耐应力开裂和耐化学腐蚀的材料，PPSF是最佳的选择。PPSF材料打印的产品性能稳定、综合机械性能佳、耐热性能好，通过与Fortus设备配合使用，可以达到非常好的效果。与其他工程塑料相比，PPSF有很多独特的性能，其主要性能如下。

① 热性能

相应的DSC曲线显示PPSF的玻璃化转变温度为220.0℃，无结晶峰和熔融峰，说明此材料为完全无定形材料。空气和氮气气氛下的热失重分析结果显示：在氮气和空气中PPSF都具有非常好的热稳定性。3种常见的PPSF树脂在氮气气氛下的起始热分解温度测定结果如下：R-100，492℃；R-400，480℃；R-500，486℃。由此可以看出，PPSF原料的热分解温度都比较高，热稳定性能良好，这也使得PPSF常常被用于在高温环境下使用的元器件的打印。

② 流变性能

流变性能是材料用于3D打印，特别是FDM技术打印的关键所在。从流变性能数据可以看出，PPSF的黏度随温度的升高而减小；当剪切速率在较大范围（$10 \sim 10^4 s^{-1}$）内变化时，随着温度的升高，PPSF的黏度变化程度趋于缓和。所以，适当地控制加工温度，可以调节熔体黏度对剪切速率的敏感程度，从而达到满足打印的要求。同时可以看出，PPSF属于典型的假塑性流体，其熔体的黏度随剪切速率的增加而降低，即熔体触变性良好。

（3）聚亚苯基砜材料在3D打印中的应用

聚亚苯基砜是一种无定形的综合性能良好的特种工程塑料，被广泛应用于电子电气、汽车、医疗和家用食品等领域。

① 电子电气领域

PPSU具有优秀的力学性能，因此可用于制作电子电气零部件，如印刷线路板、仪表板，制作各种接触器、绝缘套管和集电环。目前电子电气零部件向小型、轻量、耐高温方向发展，这些都促进了其在电子电气领域的应用。图3.24是PPSF材料3D打印制品。

图 3.24　PPSF 材料 3D 打印制品

② 汽车领域

PPSU 具有很高的热变形温度以及较高的冲击强度，被用来制作空调压缩系统的密封条及齿轮传动装置等。由于其价格较高，限制了其在国内零部件企业的使用与推广。但是，随着 PPSU 等聚砜树脂的生产成本不断降低，相信 PPSU 在汽车领域的应用前景会更好。

③ 医疗领域

通常对用于医疗领域的材料要求极其苛刻，例如需要较长的使用寿命和抗蠕变性，能经受各种消毒和冲洗，同时还必须耐医学中的化学品。PPSU 具有强的抗蠕变性、化学稳定性、耐热性以及透明性，可以代替金属，这样不仅可以降低更换成本，同时能够减轻质量，还可以制成透明制品。因此其经常用于制作各种医疗制品，主要有外科手术盘、牙科器械、液体容器和实验室器械等。

④ 家用食品领域

美国 FDA 认证 PPSU 等聚砜树脂可以与食品及饮用水接触且无毒，可制成如蒸汽餐盘、咖啡盛器、微波烹调器、牛奶盛器等与食物直接接触的制品。近几年，聚碳酸酯（PC）制作的婴儿塑料奶瓶因其在加热时可能会析出双酚 A，对婴儿的免疫系统造成伤害，在很多国家和地区遭到禁售，而 PPSU 不含双酚 A，具有高透明性和水解稳定性，在制作婴儿塑料奶瓶上成功替代了 PC。

3.4.4　聚醚酰亚胺材料

（1）聚醚酰亚胺材料简介

聚酰亚胺（PI）是一种分子链上含有酰亚胺环的高性能聚合物，结构通式如图 3.25 所示。聚酰亚胺在 100 ～ 450℃ 的范围内有非常突出的耐热、耐腐蚀、介电、光学和耐辐射等性能，是目前特种高分子材料中最具有代表性的材料。作为一种特种工程材料，聚酰亚胺广泛应用于航空、航天、微电子、液晶、分离膜和激光等高精尖领域。因而，各国均视聚酰亚胺为未来最有希望的工程塑料之一，并不断加大对聚酰亚胺的研发与投入。

$R^1, R^2 =$ 不同烷基

图 3.25　聚酰亚胺结构通式

聚醚酰亚胺（PEI）是一种热塑性的聚酰亚胺，通过在聚合物主链中引入醚键来提高分子的热塑性。在众多类型的聚酰亚胺中，PEI 是性能与成本结合最成功的聚酰亚胺改性产品。在保留酰亚胺环结构的同时，还在分子链中引入了醚键，显著地改善了聚酰亚胺热塑性差、难以加工、成本高昂的问题。目前，PEI 被广泛应用于军用、民用领域，如防弹、航天和粉尘废气过滤等等相关的行业，甚至可以代替一些金属作为结构材料使用。

目前全球范围内 PEI 的主要商家有沙特基础工业公司（Saudi Basic Industries Corporation）、美国的安特普公司（RTP）、荷兰的阿克苏诺贝尔公司（Akzo Nobel N.V）等国外的厂家。国内的 PEI 行业则不容乐观，国内厂家目前规模小且品类单一、成本高昂、依赖进口且技术含量低，与发达国家在 PEI 的产业上仍有不小差距。

1982 年，美国通用公司开始销售热塑性聚酰亚胺，其中 PEI 由于成本较低，加工便利，先后推出多个系列品牌，均广受欢迎，是聚酰亚胺市场上占有率最高的品种。PEI 的耐化学性范围很宽，例如耐多数碳氢化合物、醇类和卤化溶剂。它的水解稳定性很好，抗紫外线、γ 射线能力强。PEI 属于耐高温结构热塑性塑料，它是具有杂环结构的缩聚物，由有规则的交替重复排列的醚和酰亚胺环构成。

美国通用公司当年销售的 PEI 商品名为"ULTEM"。ULTEM 树脂是一种无定形热塑性 PEI。由于具有最佳的耐高温性及尺寸稳定性，以及耐化学性、电气性、高强度、阻燃性、高刚性等等，ULTEM 树脂可广泛应用于耐高温端子、IC 底座、FPCB（软性线路板）、照明设备、液体输送设备、医疗设备、飞机内部零件和家用电器等。ULTEM 树脂有很多种，如 ULTEM 9075 和 ULTEM 9085。

（2）聚醚酰亚胺材料的性能

① PEI 的特点是在高温下具有高的强度、刚性、耐磨性和尺寸稳定性。

② PEI 是琥珀色透明固体，不添加任何添加剂就有固有的阻燃性和低烟度，氧指数为 47%，燃烧等级为 UL94-V 0 级。

③ PEI 的密度为 $1.28 \sim 1.42 g/cm^3$，玻璃化转变温度为 215℃，热变形温度为 198 ~ 208℃，可在 160 ~ 180℃下长期使用，允许间歇最高使用温度为 200℃。

④ PEI 具有优良的机械强度、电绝缘性、耐辐射性、耐高低温、耐疲劳性和成型加工性，加入玻璃纤维、碳纤维或其他填料可达到增强改性目的。

（3）聚醚酰亚胺材料在 3D 打印中的应用

PEI 材料针对 FDM 工艺，具有完善的热学、机械以及化学性质。因其 FST 评级、高强度质量比，PEI 将成为航空航天、汽车与军用领域的理想之选。

① 电子电气行业

在电子电气行业，具有优良机械性能的 PEI 可用来制造许多零部件，如对尺寸稳定性要求较高的连接件、小型继电器的外壳和电路板等。PEI 可用于制造精度较高的光纤元件，使用 PEI 代替金属来制造光纤元件，可以保持零件最佳化的结构，维持更精确的尺寸，简化装配工序，降低制造与装配成本，产品的总出厂成本减少了 40% 左右。此外，PEI 经常用作制造开关、底座等一些零件，还可以应用于仪表工业中，图 3.26 是 PEI 采用 3D 打印制造出来的工艺品。

图 3.26　PEI 材料 3D 打印的制品

② 汽车机械领域

PEI 可用于机械高温摩擦部件的制造，如轴承、热交换器、汽化器外罩等。

③ 航天领域

PEI 可用于制造飞行器的部分内部零件，如火箭引信帽、飞行器照明设备等。

3.5　复习与思考 ▶▶▶

1. 简述 3D 打印尼龙材料的性能。

2. 试述玻纤尼龙适合于 3D 打印 FDM 工艺的原因。

3. 在 3D 打印领域，有机硅橡胶材料为什么能应用于医疗器械？

4. 试述 ABS 材料的特点。

5. 试述 ABS 系列类材料的特点。

6. 在 3D 打印中，ABS/PA 合成材料的优点是什么？

7. 简述聚乳酸材料的优缺点。

8. 简述聚乳酸材料和 ABS 材料的区别。

9. 聚碳酸酯材料在 3D 打印中有哪些应用？

10. PC/ABS 材料与 PC 材料相比在 3D 打印中有何优点？

11. 简述聚亚苯基砜（PPSF）在 3D 打印中有何优点。

第4章

3D 打印材料——光敏树脂材料

光敏性高分子又称感光性高分子，是指在光作用下能迅速发生化学和物理变化的高分子，或者通过高分子或小分子上光敏官能团所引起的光化学反应（如聚合、二聚、异构化和光解等）和相应的物理性质（如溶解度、颜色和导电性等）变化而获得的高分子材料。

光敏树脂也称为 UV 树脂，是一种具有多方面优越性的特殊树脂，由光敏预聚体、活性稀释剂和光敏剂组成。它在一定波长（250～400nm）的紫外光照射下立刻引起聚合反应，完成固化。光敏树脂一般为液体状态，打印出来的模型一般具备高强度、高韧性的特点，用途非常广泛，受到科学研究工作者的高度重视。

光敏树脂具有节约能源、污染小、固化速度快、生产效率高、适宜流水线生产等优点，近年来得到了快速发展。目前，光敏树脂不仅在木材涂料、金属装饰以及印刷工业等方面逐步取代传统涂料，而且在塑料、纸张、地板、油墨、黏合剂等方面有着广泛应用。

光敏树脂在 3D 打印中既可以作为打印主体材料直接使用，也可以作为黏结材料配合其他粉末材料如无机粉末等共同使用。常见的 3D 打印光敏树脂有环氧树脂、Somos11122 材料、Somos NeXt 材料和 Somos19120 材料等。合格的 3D 打印光敏树脂必须要满足以下几点要求：

① 固化前性能稳定，一般要求可见光照射下不发生固化；

② 反应速率快，更高的反应速率可以实现高效率成型；

③ 黏度适中，以匹配光固化成型装备的再涂层要求；

④ 固化收缩小，以减少成型时的变形及内应力；

⑤ 固化后具有足够的机械强度和化学稳定性；

⑥ 毒性及刺激性小，以减少对环境及人体的伤害。

除此之外，在一些特殊的应用场合还会有一些其他的需求，如应用于铸造的光敏树脂要求低灰分甚至无灰分，再如应用牙科矫形器或植入物制造的树脂要求对人体无毒或具有可生物降解等性能。

3D 打印用光敏树脂和其他行业使用的光敏树脂基本一样，由以下几个组分构成。

（1）低聚物

低聚物是光敏树脂的主要成分，其结构决定了光敏树脂固化后材料的物理、化学、力学等性能。早在 1968 年，德国拜耳公司便将不饱和聚酯低聚物用于光固化材料中。

低聚物是指可以进行光固化的低分子量的预聚体，其分子量通常在 1000 ~ 5000 之间。它是材料最终性能的决定因素。光敏树脂材料低聚物主要有丙烯酸酯化环氧树脂、不饱和聚酯、聚氨酯和多硫醇 / 多烯光敏树脂体系几类。

① 丙烯酸酯化环氧树脂

丙烯酸酯化环氧树脂是目前我国使用最多的一种光敏预聚体，其中环氧树脂骨架赋予材料柔韧性、黏结性和化学稳定性，丙烯酸酯基团提供进一步聚合的光敏反应基团。

② 不饱和聚酯

不饱和聚酯是最早应用于光敏树脂材料的预聚体，一般是由不饱和二元酸二元醇或者饱和二元酸不饱和二元醇缩聚而成的具有酯键和不饱和双键的线型高分子化合物。不饱和聚酯可通过紫外光照射固化成膜，但膜层附着力和柔韧度均有所欠缺。

③ 聚氨酯

聚氨酯型光敏预聚体是由多异氰酸酯与不同结构和分子量的双或多羟基化合物反应生成端基异氰酸酯中间化合物，再与羟烷基丙烯酸酯反应制得。聚氨酯材料膜层黏结力强、柔韧性高、结实耐磨。

④ 多硫醇 / 多烯光敏树脂体系

多硫醇 / 多烯光敏树脂体系主要应用于一些特殊体系，与其他预聚体相比，具有空气不会对体系产生阻聚作用、原料选择性广、可获得多种特殊性能的优点，还具有折射率大、透过率高、固化时不受氧气阻聚的优点，能满足光波导耦合器件及其他光学器件的胶接要求。但同时也具有价格高、气味重等缺陷。

（2）活性稀释剂

活性稀释剂主要是指含有环氧基团的低分子量环氧化合物，它们可以参加环氧树脂的固化反应，成为环氧树脂固化物的交联网络结构的一部分。活性稀释剂分子结构中带有环氧官能团，不仅能降低体系黏度，还能参与固化反应，保持了固化产物的性能。

活性稀释剂按其每个分子所含反应性基团的多少，可以分为单官能团活性稀释剂和多官能团活性稀释剂。单官能团活性稀释剂每个分子中仅含一个可参与固化反应的基团，如甲基丙烯酸 -β- 羟乙酯（HEMA）。多官能团活性稀释剂是指每个分子中含有两个或两个以上可参与固化反应基团的活性稀释剂，如 1,6- 己二醇二丙烯酸酯（HDDA）。采用含较多官能团的单体，除了增加反应活性外，还能赋予固化膜交联结构。这是因为单官能团单体聚合后只能得到线型聚合物，而多官能团的单体可得到高交联度的交联聚合物。

按固化机理，活性稀释剂可分为自由基型和阳离子型两类。（甲基）丙烯酸酯类是典型的自由基型活性稀释剂，固化反应通过自由基光聚合进行。环氧类则属于阳离子型活性稀释剂，其固化反应机理是阳离子聚合反应。乙烯基醚类既可参与自由基聚合，也可进行阳离子聚合，因此可作为两种光固化体系的活性稀释剂。

另外，活性稀释剂对皮肤的毒性和刺激性与官能度（C=C 在单体中的浓度）和分子量有关。官能度越高、分子量越小的活性稀释剂，其反应速度越快，黏度越低，材料的固化体积收缩率越高，脆性越大，对人体毒性和刺激性越大。

（3）光引发剂和光敏剂

光引发剂和光敏剂都是在聚合过程中起促进引发聚合的作用，但两者又有明显区别。光引发剂在反应过程中起引发剂的作用，本身参与反应，反应过程中有消耗；而光敏剂则是起能量转移作用，相当于催化剂的作用，反应过程中无消耗。

光引发剂是通过吸收光能后形成一些活性物质，如自由基或阳离子，从而引发反应，主要的光引发剂包括安息香及其衍生物、苯乙酮衍生物、三芳基硫鎓盐类等。光敏剂的作用机理主要包括能量转换、夺氢和生成电荷转移复合物三种，主要的光敏剂包括二苯甲酮、米氏酮、硫杂蒽酮、联苯酰等。表 4.1 列举了重要的光聚合体系光敏剂。

表 4.1　重要的光聚合体系光敏剂

类别	感光波长 /nm	化合物
羰基化合物	$360 \sim 420$	安息香及醚类、稠环醌类
偶氮化合物	$340 \sim 400$	偶氮二异丁腈、重氮化合物
有机硫化物	$280 \sim 400$	硫醇、烷基二硫化物
卤化物	$300 \sim 400$	卤化银、溴化汞、四氯化碳
色素类	$400 \sim 700$	四溴荧光素 / 胺、维生素 B_2、花菁色素
有机金属化合物	$300 \sim 450$	烷基金属类
金属羰基类	$360 \sim 400$	羰基锰
金属氧化物	$300 \sim 380$	氧化锌

随着制造业智能化的发展，未来 3D 打印技术将被应用于各个领域，这对光敏树脂提出更高要求，如低碳环保、低成本、高引发效率、高精确度、高强度、良好生物相容性等。随着 3D 打印制品的广泛应用，具有优异力学性能、导热性能或生物相容性的光敏树脂可结合 SLA 技术推广到珠宝制作、生物医疗等领域。另外，功能化、高精度、快速成型、无毒环保型等光敏树脂的开发，将成为今后 SLA 技术的应用与研究热点。

（1）功能化光敏树脂

近年来，SLA 技术被广泛应用于生物医疗领域，开发出抗菌聚合物光敏树脂、多孔性骨骼或生物组织工程支架用光敏凝胶材料、硬组织修复用光敏树脂材料，这类材料具有生物相容性，可实现生物器官的 3D 打印成型。

（2）高精度、快速成型的光敏树脂

光固化成型技术应用 3D 打印材料是以层叠加的方式成型，高精度、快速成型的光敏树脂实现光敏树脂界面间连续固化成型，提高了成型精度。

（3）无毒环保型光敏树脂

通常光敏树脂配方中需要添加稀释剂以达到降低黏度的目的，稀释剂存在挥发，造成大气污染和资源的浪费，因此开发新型无溶剂、低黏度绿色环保的光敏树脂成为一大研究热点。

4.1 环氧树脂材料 ▶▶▶

4.1.1 环氧树脂简介

环氧树脂（Epoxy Resin，简称 EP）有着悠长且丰富的发展历程，科学家们在 19 世纪与 20 世纪相交之际关于环氧树脂的两个划时代的发现推动了整个聚合物材料的发展，也使环氧树脂材料第一次走上历史舞台。从 20 世纪 30 年代起，世界各地的科学家纷纷对环氧树脂的各种性质和合成机理展开了更为深入的探索。1934 年，德国人最先将含有多个环氧基团的化合物通过聚合反应制备出高聚物，经 LG 染料公司公之于世，因为战争原因而没有受到专利保护。从 1948 年开始，环氧树脂被大量制造并在各领域都有了很好的应用。随着时间的推移以及需求的不一，有了各种不同类型和功能的环氧树脂。

环氧树脂是 3D 打印最常见的一种黏结剂，同时也是一种最常见的光敏树脂。1930 年，环氧树脂首先由瑞士的 Pierre Castan 和美国的 S.Q.Greenle 合成，属于热固性塑料。

环氧树脂的分子结构是以分子链中含有活泼的环氧基团为特征，环氧基团可以位于分子链的末端、中间或成环。由于分子结构中含有活泼的环氧基团，它们可与多种类型的固化剂发生交联反应而形成不溶、不熔的具有三维网状结构的高聚物。凡分子结构中含有环氧基团的高分子化合物统称为环氧树脂。

针对微观分子间构造不同，把环氧树脂分成三种类型。

① 缩水甘油胺类：这类环氧树脂的优点是吸收热量大，不易受热分解，而且本身的链段交联度高，故而机械强度和模量高。由于这些优点，其被广泛应用在航空航天和电子器件等领域。

② 缩水甘油醚类：这种类型的环氧树脂被开发出了多种配方。最有意义及应用最广的是用双酚 A 为原料形成的甘油醚，被称为双酚 A 型环氧树脂。它具有优良的物理化学性质、较为低廉的成本，因而应用广泛，涉及人们生活的方方面面，在总的环氧树脂的生产中占了 85% 的市场份额。双酚 A 型环氧树脂是由双酚 A、环氧氯丙烷在碱性条件下缩合，经水洗、脱溶剂精制而成的高分子化合物。因环氧树脂的制成品具有良好的物理机械性能、耐化学药品性、电气绝缘性能，故广泛应用于涂料、胶黏剂、玻璃纤维增强塑料、层压板、电子浇铸、灌封、包封等领域。环氧树脂分子量从数百到数千，没有使用价值，而且分子量越大，环氧当量也越大。它采用固化剂固化后，才具有使用价值。

③ 缩水甘油酯类：这种环氧树脂的黏度很低，有着较为良好的可加工性，且其比较活泼，可与别的材料发生反应，而且其与其他环氧树脂相比有着更好的黏性，有着更为优良的光透性。

环氧树脂的改性方法通常有以下几种：选择固化剂，添加反应性稀释剂，添加填充剂，添加特种热固性或热塑性树脂，改良环氧树脂本身。

4.1.2 环氧树脂在 3D 打印中的应用

环氧树脂作为一种黏结性、耐热性、耐化学性和电绝缘性十分优良的合成材料，广泛应用于金属和非金属材料黏结、电气机械浇铸绝缘、电子器具黏合密封和层压成型复合材料、土木及金属表面涂料等。它对金属和非金属材料的表面具有优异的黏结强度，介电性能良好，制品尺寸稳定性好，硬度高，柔韧性较好，碱及大部分溶剂稳定。

环氧树脂在 3D 打印中的一个重要用途就是作为黏结剂使用。同其他树脂相比，环氧树脂作为无机或金属粉末材料的黏结剂具有以下优点：

① 环氧树脂的极性较大，与无机、金属粉末的界面相容性好于大多数树脂。因此，环氧树脂常常被用作无机和金属材料的专用黏结剂。图 4.1 是环氧树脂加 1% 体积分数的碳纤维的复合材料 3D 打印的蜂窝状结构。图 4.2 为环氧树脂作黏结剂使用制成的其他 3D 打印制品。

图 4.1　环氧树脂加 1% 体积分数的碳纤维的复合材料 3D 打印的蜂窝状结构

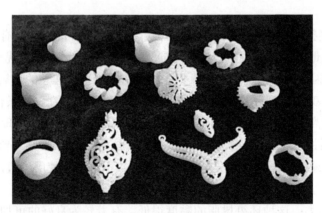

图 4.2　环氧树脂作黏结剂使用制成的其他 3D 打印制品

② 其低聚物的黏度较小、流动能力强，和极性粉末材料的浸润性好，能够迅速浸润无机或金属粉末表面。

③ 环氧树脂作为光敏涂料在人们日常生活中已得到了广泛的研究和应用，产品种类繁多，适用面广，在不同体系中均可找到相对应的环氧树脂光敏材料使用。

④ 在光敏树脂材料中，环氧树脂的黏结强度高，价格适中，成膜性好，容易根据实际

需要进行改性。

⑤ 产品化学性能稳定，无毒，可用于生物医用和食品包装材料。

4.2　丙烯酸树脂　▶▶▶

4.2.1　丙烯酸树脂简介

丙烯酸树脂就是以丙烯酸酯类、甲基丙烯酸酯类为主体，辅之以功能性丙烯酸酯类及其他乙烯单体类，通过共聚合所合成的树脂。丙烯酸树脂一般分为溶剂型热塑性丙烯酸树脂和溶剂型热固性丙烯酸树脂、水性丙烯酸树脂、高固体丙烯酸树脂、辐射固化丙烯酸树脂及粉末涂料用丙烯酸树脂等。热塑性丙烯酸树脂在成膜过程中不发生进一步交联，因此它的分子量较大，具有良好的保光保色性、耐水耐化学性，干燥快，施工方便，易于施工重涂和返工，制备铝粉漆时铝粉的白度、定位性好。热塑性丙烯酸树脂在汽车、电器、机械、建筑等领域应用广泛。

热固性丙烯酸树脂是指在结构中带有一定的官能团，在制漆时通过和加入的氨基树脂、环氧树脂、聚氨酯等中的官能团反应形成网状结构，热固性树脂一般分子量较低。热固性丙烯酸涂料有优异的丰满度、光泽、硬度、耐溶剂性、耐候性，在高温烘烤时不变色、不泛黄。最重要的应用是和氨基树脂配合制成氨基-丙烯酸烤漆，目前在汽车、摩托车、自行车、卷钢等产品上应用十分广泛。

用丙烯酸酯和甲基丙烯酸酯单体共聚合成的丙烯酸树脂对光的主吸收峰处于太阳光谱范围之外，所以制得的丙烯酸树脂漆具有优异的耐光性及抗户外老化性能。

4.2.2　丙烯酸树脂在3D打印中的应用

丙烯酸树脂的3D打印主要采用光固化成型技术，光固化成型技术在与丙烯酸酯单体联用时，丙烯酸酯单体可与光引发剂混合，而光引发剂在紫外光区或可见光区吸收一定波长的能量，从而引发单体聚合交联固化。此外，陶瓷和金属等也可作为打印材料。将陶瓷粉以1∶1的比例与丙烯酸树脂混合后，树脂可起到黏合剂的作用。加入了陶瓷粉的树脂会在一定程度上实现固化，其硬度正好足以保持实物的形状，而且基于纯丙烯酸树脂的打印方法和硬件设备也适用。之后，再通过熔炉对加入了陶瓷粉的成品进行烧制，以除掉其中的聚合物，并将陶瓷成分黏合到一起，使最终成品中的陶瓷含量高达99%。这种方法也适用于含有金属粉的丙烯酸酯类单体树脂，同时也可以通过相同的打印机硬件来构建金属部件。

聚氨酯丙烯酸酯柔韧性好、耐磨性高、附着力强、光学性能良好，但用于生产环保型产品的水性聚氨酯丙烯酸酯综合性能并不理想，影响其使用规模，树脂着色稳定性、黏度、强度、硬度、疏水性、亲水性、热稳定性等都需通过改性分子结构加强。对水性聚氨酯丙烯酸酯进行超支化改性可以显著降低树脂的黏度、表面张力，增加树脂的溶解性、成膜性、低温柔顺性，减少有机稀释剂的应用，有利于对环境的保护，大幅度提高水性聚氨酯丙烯酸酯光敏树脂在3D打印中的应用，因此对于水性聚氨酯丙烯酸酯光敏树脂的超支化改性有重要意义。图 4.3 为基于光固化成形技术的桌面型打印机打印的聚氨酯丙烯酸酯材料的工艺品。

图 4.3　丙烯酸树脂 3D 打印制品

4.3　Objet Polyjet 光敏树脂材料 ▶▶▶

　　Objet Polyjet 光敏树脂材料是接近 ABS 材料的光敏树脂，表面光滑细腻，是能够在一个单一的 3D 打印模型中结合不同的成型材料添加剂（软硬胶结合、透明与不透明材料结合）而制造的材料，用该树脂材料制得的 3D 打印制品如图 4.4 所示。

图 4.4　Objet Polyjet 光敏树脂材料 3D 打印制品

4.4　DSM Somos 系列光敏树脂 ▶▶▶

　　20 世纪 80 年代后期，DSM Somos 公司就积极投身光固化成型材料的开发工作。早期的光固化成型材料普遍为偏黄的半透明色，易碎，尺寸不稳定。2000 年 DSM Somos 推出了 9120，使光固化成型材料的实用性大幅提升。9120 有类 PP 的机械性能。该树脂比当时其他树脂更坚固、有弹性且不易断裂。2006 年 Somos 推出了 9120 的改进版 9420，9420 拥有 9120 的全部优点，而且是极似塑料的白色。不久，DSM Somos 又推出了透明材料 WaterShed 11120 和白色 Somos Proto Therm 14120。

Somos WaterShed 11120 光敏树脂是一种用于 SLA 成型机的低黏度液态光敏树脂，用此材料制作的样件呈淡绿色透明状（类似于平板玻璃）。DSM Somos 11122 是 Somos WaterShed 11120 的升级换代产品。Somos WaterShed 11120 及 DSM Somos 11122 光敏树脂性能优越，该类材料类似于传统的工程塑料（包括 ABS 和 PBT 等）。它能理想地应用于汽车、医疗器械、日用电子产品的样件制作，还被应用到水流量分析、风管测试以及室温硫化硅橡胶模型、可存放的概念模型、快速铸造模型的制造方面。DSM Somos 11122 已通过美国医学药典认证。

DSM Somos Proto Therm 14120 光敏树脂是一种用于 SLA 成型机的高速液态光敏树脂，用于制作具有高强度、耐高温、防水等功能的零件，用此材料制作的零部件外观呈乳白色。DSM Somos Proto Therm 14120 光敏树脂与其他耐高温光固化材料不同的是，此材料经过后期高温加热后，拉伸强度明显增加，同时断裂伸长率仍然保持良好。这些性能使得此材料能够理想地应用于汽车及航空等领域内需要耐高温的重要部件上。

Somos GP Plus 是 Somos 14120 光敏树脂的升级换代产品，用 Somos GP Plus 制造的部件是白色不透明的，性能类似工程塑料 ABS 和 PBT。Somos GP Plus 用于汽车、航天、消费品工业等多个领域，此材料通过了 USP Class Ⅵ 和 ISO 10993 认证，也可以用于一定的生物医疗、牙齿和皮肤接触类材料。

Somos 19120 材料为粉红色材质，是一种铸造专用材料。它成型后可直接代替精密铸造的蜡模原型，避免开发模具的风险，大大缩短周期，拥有低留灰烬和高精度等特点。它是专门为快速铸造设计的一种不含锑光敏树脂，可理想应用于铸造业，完全不含锑，排除了残留物危害专业合金的风险。不含锑使快速成型的母模燃烧更充分，残留灰烬明显比传统的燃烧快速成型母模少。

Somos 12120 是一种红色的硬度很高而且耐高温的 SLA 树脂。这种树脂的特点是经过热后处理后树脂的韧性不会发生明显的变化，这是其他的可以热后处理的树脂不具备的。这种树脂主要为一些需要在相对高温下工作的零件设计，如汽车、飞机的风洞试验等。

Somos 11122 材料看上去更像是真实透明的塑料，具有优秀的防水和尺寸稳定性，能提供包括类似 ABS 和 PBT 在内的多种工程塑料的特性，这些特性使它很适合用在汽车、医疗以及电子类产品领域。

Somos Next 为白色材质，是类 PC 新材料，材料韧性非常好，如电动工具手柄等基本可替代激光选区烧结制作的尼龙材料性能，而精度和表面质量更佳。Somos Next 制作的部件拥有迄今最先进的刚性和韧性结合，这是热塑性塑料的典型特征，同时保持了光固化成型材料的所有优点，做工精致、尺寸精确、外观漂亮。机械性能的独特结合是 Somos Next 区别于以前所有的 SLA 材料的关键优势所在。

Somos Next 制作的部件非常适合于功能性测试应用，以及对韧性有特别要求的小批量产品。它的部件经后处理，其性能就像是工程塑料。这意味着可以用它来做功能性测试，部件的制作速度、后处理时间更短，具有相当大的优势。

Somos Next 在 3D 打印领域的主要应用包括：航空航天、汽车、生活消费品和电子产品。它也非常适合于生产各种具有功能性用途的产品原型，包括卡扣组装设计、叶轮、管道、连接器、电子产品外壳、汽车内外部饰件、仪表盘组件和体育用品等。图 4.5 为 DSM Somos 系列树脂 3D 打印制品。

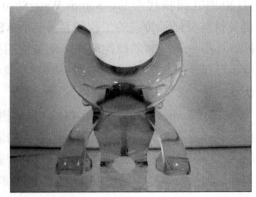

图 4.5　DSM Somos 系列树脂 3D 打印制品

DSM Somos 系列的材料涵盖了多种行业和应用领域，Somos 通过提升材料性能拓展了快速成型技术的应用，使快速成型技术发挥了更大的作用。

4.5　复习与思考　▶▶▶

1. 简述光敏树脂材料的基本组成及其功能。
2. 光敏树脂材料可用于打印哪些产品？
3. 光敏树脂材料用于 3D 打印的优点有哪些？
4. 丙烯酸树脂的 3D 打印主要采用哪种方式？为什么？

第5章

3D 打印材料——金属材料

金属材料在人类生产生活中应用广泛，小到生活领域的机械零件，大到航空领域的飞机、导弹等大部分部件均由金属构成，金属材料是国民经济及国防工业必不可少的基础材料。目前金属零件的加工方式仍是以基于数控加工的车、铣、刨、磨、铸、锻、焊为主，基本能够满足日常生活及军用领域的需求，但是对于一些具有复杂的内腔结构或者尖角特征的零件，这些传统加工方式则很难胜任，也一定程度上限制了设计者对金属零件的开发。而3D 打印制造不受模型复杂程度的限制，并且具有加工周期短的特点，极大地拓宽了设计者的设计思维，大大推动了金属零件的开发。国内外学者从 20 世纪 90 年代开始研究金属材料的 3D 打印，与传统金属材料加工方式相辅相成，共同推进制造业的发展。

5.1 金属材料的力学性能 ▶▶▶

5.1.1 金属材料的强度和塑性

金属材料的力学性能是指在承受各种外加载荷（拉伸、压缩、弯曲、扭转、冲击、交变应力等）时，对变形与断裂的抵抗能力。金属材料常见的外加载荷如图 5.1 所示。

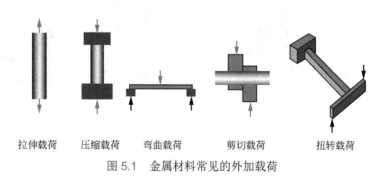

| 拉伸载荷 | 压缩载荷 | 弯曲载荷 | 剪切载荷 | 扭转载荷 |

图 5.1 金属材料常见的外加载荷

金属材料的力学性能主要包括：弹性和刚度、强度、塑性、硬度、冲击韧性、断裂韧度及疲劳强度等。它们是衡量材料性能极其重要的指标。

（1）强度和塑性

强度是指金属材料在静载荷作用下，抵抗塑性变形和断裂的能力。

塑性是指金属材料在静载荷作用下，产生塑性变形而不致引起破坏的能力。

金属材料的强度和塑性可通过拉伸试验测定。

（2）拉伸试验

拉伸试验是指在承受轴向拉伸载荷下测定材料特性的试验方法。利用拉伸试验得到的数据可以确定材料的弹性极限、伸长率、弹性模量、比例极限、断面收缩率、抗拉强度、屈服点、屈服强度和其他拉伸性能指标。从高温下进行的拉伸试验可以得到蠕变数据。拉伸试验的试样一般采用比例圆柱形试样，形状如图 5.2 所示。长试样 $L_0=10d_0$，短试样 $L_0=5d_0$。

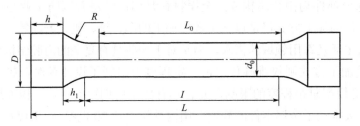

图 5.2　比例圆柱形拉伸试样

拉伸试验常用的万能材料试验机如图 5.3 所示。

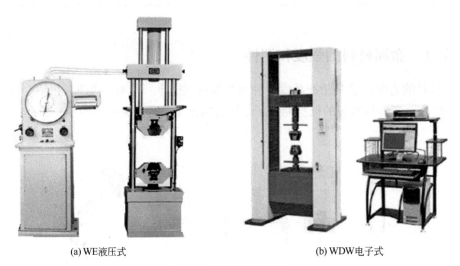

(a) WE液压式　　　　　　　　　　　(b) WDW电子式

图 5.3　万能材料试验机

（3）力 - 伸长曲线

进行拉伸试验时，拉伸力 F 和试样伸长量 ΔL 之间的关系曲线称为力 - 伸长曲线。通常

把拉伸力 F 作为纵坐标，试样伸长量 ΔL 作为横坐标，图 5.4 表示为退火低碳钢的力 - 伸长曲线。

在拉伸的初始阶段，力 - 伸长曲线 Op 段为一直线，说明拉伸力与伸长量成正比，即满足胡克定律，此阶段称为线性阶段。在该阶段，当拉伸力增大时，试样伸长量 ΔL 也会呈正比例增大。当拉伸力去除时，试样伸长变形消失，恢复原始形状，其变化规律符合胡克定律，这种变形称为弹性变形。图 5.4 中的 F_p 是试样保持弹性变形的最大拉伸力。

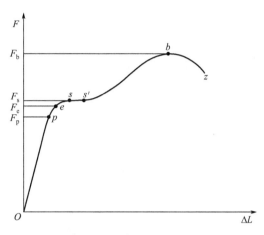

图 5.4　退火低碳钢的力 - 伸长曲线

当拉伸力不断增大超过 F_p 时，试样将产生塑性变形，去除应力后，变形不能完全恢复，塑性伸长将被保留下来。当拉伸力继续增大到 F_s 时，力 - 伸长曲线在 s 点后出现一个平台，即在拉伸力不再增大的情况下，试样也会明显伸长，这种现象称为屈服，F_s 称为屈服拉伸力。

当拉伸力超过屈服拉伸力后，试样抵抗变形能力将会增强，此现象称为冷变形强化，即变形抗力增大。这一现象在力 - 伸长曲线上表现为一段上升曲线，随着塑性变形量增大，试样变形抗力也逐渐增大。

当拉伸力达到 F_b 时，试样的局部截面也开始收缩，产生了颈缩现象。由于颈缩使试样局部截面迅速缩小，所以最终试样被拉断。颈缩现象在力 - 拉伸曲线上为一段下降的曲线 bz。F_b 是试样拉断前能够承受的最大拉伸力，称为极限拉伸力。

从完整的拉伸试验和力 - 伸长曲线可以看出，试样从开始拉伸到断裂要经过弹性变形阶段、屈服阶段、冷变形强化阶段、颈缩与断裂阶段。

（4）强度指标

常用的强度指标有弹性极限、屈服强度、抗拉强度。

弹性极限指金属材料受外力（拉力）作用到某一限度时，若除去外力，其变形（伸长）即消失而恢复原状，弹性极限即指金属材料抵抗这一限度的外力的能力。

屈服强度是金属材料发生屈服现象时的屈服极限，也就是抵抗微量塑性变形的应力。对于无明显屈服现象出现的金属材料，规定以产生 0.2% 残余变形的应力值作为其屈服极限，称为条件屈服极限或屈服强度。

抗拉强度是材料在断裂前所能承受的最大应力，用符号 R_m 表示。

5.1.2 金属材料的硬度

硬度是衡量金属材料软硬程度的一个力学性能指标，它表示金属表面上的局部体积内抵抗变形的能力。硬度不是一个简单的物理概念，而是材料弹性、塑性、强度和韧性等力学性能的综合指标。

金属硬度的代号为 H。按硬度试验方法的不同，硬度包括布氏硬度、洛氏硬度、维氏硬度、里氏硬度等，其中以布氏硬度及洛氏硬度较为常用。

（1）布氏硬度

布氏硬度（HBW）试验是以一定大小的试验载荷（P），将一定直径（D）的硬质合金球压入被测金属表面，保持规定时间，然后卸荷，测量被测表面压痕直径。布氏硬度测试原理图如图 5.5 所示。

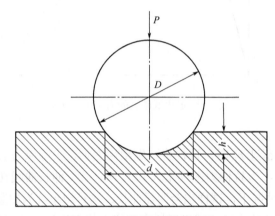

图 5.5　布氏硬度测试原理图

$$HBW = \frac{P}{F} = \frac{P}{\pi Dh} = \frac{2P}{\pi D(D - \sqrt{D^2 - d^2})}$$

式中　d——压痕直径，mm；

　　　h——压痕深度，mm。

布氏硬度的符号用 HBW 表示，布氏硬度单位是 kgf/mm^2（1kgf=9.80665N）。

HBW 表示压头为硬质合金球，用于测定布氏硬度值在 650 以下的材料。

布氏硬度试验的优点是代表性强，数据重复性好，与强度之间存在一定的换算关系。缺点是不能测试较硬的材料，压痕较大，不适于成品检验。该试验通常用来检验铸铁、有色金属、低合金钢等原材料和调质件的硬度。

布氏硬度的表示方法：HBW 之前的数字为硬度值，后面按顺序用数字表示试验条件，第一个数字表示压头的球体直径，第二个数字表示试验载荷，第三个数字表示试验载荷保持的时间（10～15s 不标注）。例如，170HBW 10/1000/30 表示用直径 10mm 的硬质合金球，在 9807N（1000kgf）的试验载荷作用下，保持 30s 时测得的布氏硬度值为 170；530HBW 5/750 表示用直径 5mm 的硬质合金球，在 7355N（750kgf）的试验载荷作用下，保持 10 ～ 15s 时测得的布氏硬度值为 530。

目前，金属布氏硬度试验方法执行 GB/T 231.1—2018 标准，布氏硬度试验范围上限为 650HBW。

（2）洛式硬度

洛氏硬度是用一个锥顶角 120° 的金刚石圆锥体或直径为 1.5875mm、3.175mm 的硬质合金球，在一定载荷下压入被测材料表面，由压痕的深度求出材料的硬度。洛氏硬度测试原理图如图 5.6 所示。根据试验材料硬度的不同，洛氏硬度用以下三种不同的符号来表示。

HRA：采用 60kg 载荷和金刚石圆锥体压入器求得的硬度，用于硬度极高的材料（如硬质合金等）。

HRBW：采用 100kg 载荷和直径 1.5875mm 硬质合金球求得的硬度，用于硬度较低的材料（如退火钢、铸铁等）。

HRC：采用 150kg 载荷和金刚石圆锥体压入器求得的硬度，用于硬度很高的材料（如淬火钢等）。

洛式硬度是以压痕塑性变形深度来确定硬度值指标。以 0.002mm 作为一个硬度单位。当 HBW>450 或者试样过小时，不能采用布氏硬度试验，可改用洛氏硬度计量。

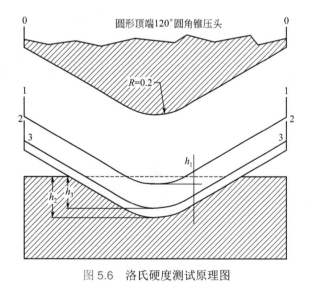

图 5.6　洛氏硬度测试原理图

$$HR = N - \frac{h}{S}$$

$$h = h_3 - h_1$$

式中，N 为常数，用硬质合金球压头时为 130，用金刚石圆锥体压头时为 100；S 为给定标尺单位，通常以 0.002mm 为一个硬度单位。

为了能用同一硬度计测定从极软到极硬材料的硬度，可采用不同的压头和试验力，组成几种不同的洛氏硬度标尺，其中最常见的是 A、B、C 三种标尺。表 5.1 为这三种常用洛氏硬度标尺的实验条件和应用（GB/T 230.1—2018）。

表 5.1　常用洛氏硬度标尺的实验条件和应用

标尺	硬度符号	压头类型	总试验力 F/N	测量范围	应用举例
A	HRA	金刚石圆锥	588.4	22HRA ～ 88HRA	碳化物、硬质合金、淬火工具钢等
B	HRBW	直径 1.5875mm 球	980.7	10HRBW ～ 100HRBW	软钢、铜合金、铝合金、可锻铸铁
C	HRC	金刚石圆锥	1471	20HRC ～ 70HRC	淬火钢、调质钢、深层表面硬化钢

洛氏硬度的优点：洛氏硬度计操作简便、试验效率高，很适合工业化生产的批量检测；载荷小，压痕大小相比布氏硬度更小，因此洛氏硬度比较适合薄板带和薄壁管等试样的检测；不同洛氏硬度标尺，其压头和总试验力不同，从而使洛氏硬度能检测的硬度值范围广泛；洛氏硬度试验有初试验力，因此试样表面的轻微不平整对测试值影响较小。

（3）维氏硬度

如图 5.7 所示，用一个相对面间夹角为 136° 的金刚石正棱锥体压头，在规定载荷 F 作用下压入被测试样表面，保持一定时间后卸除载荷，测量压痕对角线长度 d，进而计算出压痕表面积，最后求出压痕表面积上的平均压力，即为金属的维氏硬度值，用符号 HV 表示。在实际测量中，并不需要进行计算，而是根据所测 d 值，直接进行查表得到所测硬度值。

$$HV = 0.102 \times \frac{F}{S} = 0.102 \times \frac{2F \sin \dfrac{\alpha}{2}}{d^2}$$

式中，F 为载荷，N；d 为平均压痕对角线长度，mm；S 为压痕表面积，mm^2；α 为压头相对面夹角，136°。

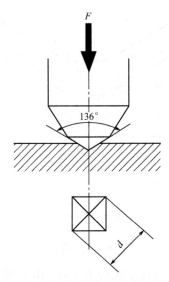

图 5.7　维氏硬度实验原理示意图

维氏硬度计测量范围广，可以测量工业上所用到的几乎全部金属材料，从很软的材料（几个维氏硬度单位）到很硬的材料（3000 个维氏硬度单位）都可测量。

HV 前面的数值为硬度值，后面则为试验力，如果试验力保持时间不是通常的 10～15s，还需在试验力值后标注保持时间。如：600HV 30/20 表示采用 30kgf（294.2N）的试验力，保持 20s，得到硬度值为 600。

维氏硬度的优点有以下几点。

① 维氏硬度计的硬度值与试验力的大小无关；

② 只要是硬度均匀的材料，可以任意选择试验力，其硬度值不变；

③ 在很广的硬度范围内具有一个统一的标尺，比洛氏硬度试验优越；

④ 维氏硬度试验的试验力可以小到 10gf（0.0980665N），压痕非常小，特别适合测试薄小材料；

⑤ 维氏试验的压痕是正方形，轮廓清晰，对角线测量准确；

⑥ 精度高，重复性好。

5.1.3　金属材料的冲击韧性

冲击韧性是指材料在冲击载荷作用下吸收塑性变形功和断裂功的能力，反映材料内部的细微缺陷和抗冲击性能。冲击韧性指标的实际意义在于揭示材料的变脆倾向，是反映金属材料对外来冲击负荷的抵抗能力，一般由冲击韧性值（a_k）和冲击吸收功（A_k）表示，其单位分别为 J/cm^2 和 J。影响钢材冲击韧性的因素有材料的化学成分、热处理状态、冶炼方法、内在缺陷、加工工艺及环境温度。

为了评测金属材料的冲击韧性，需进行一次冲击试验。一次冲击试验是一种动力试验，它包括冲击弯曲、冲击拉伸、冲击扭转等几种试验方法。本节介绍其中最普遍的冲击弯曲试验。

（1）冲击弯曲试验方法与原理

冲击弯曲试验通常在摆锤式冲击试验机（图 5.8）上进行，为了使试验结果能互相比较，所用的试样必须标准化。按照 GB/T 229—2020 规定，冲击试验标准试样有夏比 U 型缺口试样和夏比 V 型缺口试样两种。两种试样的尺寸和加工要求如图 5.9 所示。

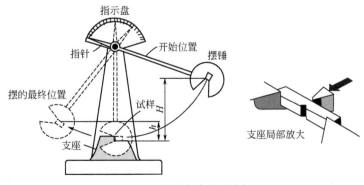

图 5.8　摆锤式冲击试验机

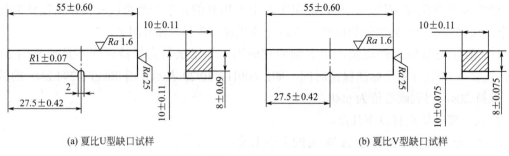

(a) 夏比U型缺口试样   (b) 夏比V型缺口试样

图 5.9　两种试样的尺寸和加工要求（单位：mm）

试验时，将试样放在试验机两支座上，把质量为 G 的摆锤抬高到 H 高度，使摆锤具有势能 GHg（g 为重力加速度）。然后释放摆锤，将试样冲断，并向另一方向升高到 h 高度，这时摆锤具有势能为 Ghg。故摆冲断试样失去的势能为 $GHg-Ghg$，这就是试样变形和断裂所消耗的功，称为冲击吸收功 A_k，即：

$$A_k = Gg(H - h)$$

根据两种试样缺口形状不同，冲击吸收功分别用 A_{kU} 和 A_{kV} 表示，单位为 J。冲击吸收功的值可从试验机的刻度盘上直接读得。

一般把冲击吸收功值低的材料称为脆性材料，值高的材料称为韧性材料。脆性材料在断裂前无明显的塑性变形，断口较平整，呈晶状或瓷状，有金属光泽；韧性材料在断裂前有明显的塑性变形，断口呈纤维状，无光泽。

（2）冲击弯曲试验的应用

冲击弯曲试验主要用途是揭示材料的变脆倾向，其具体用途如下。

① 评定材料的低温变脆倾向

有些材料在室温 20℃ 左右试验时并不显示脆性，而在低温下则可能发生脆断，这一现象称为冷脆现象。为了测定金属材料开始发生这种冷脆现象的温度，应在不同温度下进行一系列冲击弯曲试验，测出该材料的冲击吸收功与温度的关系曲线（图 5.10）。

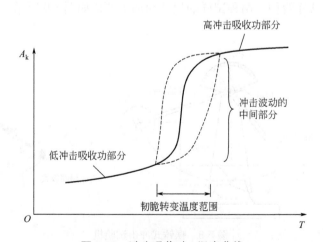

图 5.10　冲击吸收功 - 温度曲线

由图 5.10 可见，冲击吸收功随温度的降低而减小，当试验温度降低到某一温度范围时，其冲击吸收功急剧降低，使试样的断口由韧性断口过渡为脆性断口。因此，这个温度范围称为韧脆转变温度范围。在该温度范围内，通常可根据有关标准或双方协议，确定某一温度为该材料的韧脆转变温度。

韧脆转变温度的高低是金属材料质量指标之一，韧脆转变温度越低，材料的低温冲击性能就越好，这对于在寒冷地区和低温下工作的机械和工程结构（如运输机械、地面建筑、输送管道等）尤为重要，它们的工作环境温度可能在 –50 ～ +50℃ 之间变化，所以必须具有更低的韧脆转变温度，才能保证工作的正常进行。

② 反映原材料的冶金质量和热加工产品质量

冲击吸收功对金属材料内部结构、缺陷等具有较大的敏感性，很容易揭示出材料中某些物理现象，如晶粒粗化、冷脆、回火脆性、表面夹渣、气泡、偏析等。故目前常用冲击弯曲试验来检验冶炼、热处理及各种热加工工艺和产品的质量。

5.1.4 金属材料的断裂韧度

机械零件（或构件）的传统强度设计都是用材料的条件屈服强度 $\sigma_{0.2}$ 确定其许用应力，即：

$$\sigma<[\sigma]<\sigma_{0.2}/n$$

式中，σ 为工作应力；$[\sigma]$ 为许用应力；n 为安全系数。

一般认为零件（或构件）在许用应力下工作是安全可靠的，不会发生塑性变形，更不会发生断裂。但实际情况却并不总是如此，有些高强度钢制造的零件（或构件）和中、低强度钢制造的大型件，往往在工作应力远低于屈服强度时就发生脆性断裂。这种在屈服强度以下的脆性断裂称为低应力脆断。高压容器的爆炸和桥梁、船舶、大型轧辊、发电机转子的突然折断等事故，往往都是属于低应力脆断。

大量事例分析表明，低应力脆断是由材料中宏观裂纹扩展引起的。这种宏观裂纹在实际材料中是不可避免的，它可能是冶炼和加工过程中产生的，也可能是在使用过程中产生的。因此，裂纹是否易于扩展，就成为材料是否易于断裂的一种重要指标。在断裂力学基础上建立起来的材料抵抗裂纹扩展的性能，称为断裂韧度。断裂韧度可以对零件允许的工作应力和尺寸进行定量计算，故在安全设计中具有重大意义。

（1）裂纹扩展的基本形式

根据应力与裂纹扩展面的取向不同，裂纹扩展可分为张开型（Ⅰ型）、滑开型（Ⅱ型）和撕开型（Ⅲ型）三种基本形式，如图 5.11 所示。

在实践中，三种裂纹扩展形式中以张开型（Ⅰ型）最危险，最容易引起脆性断裂。因此，本节随后对断裂韧度的讨论，就是以这种形式作为对象。

（2）应力场强度因子 K_{I}

当材料中有裂纹时，在裂纹尖端处必然存在应力集中，从而形成了应力场。由于裂纹扩展总是从裂纹尖端开始向前推进的，故裂纹能否扩展与裂纹尖端处的应力场大小有直接关系。衡量裂纹尖端附近应力场强弱程度的力学参量称为应力场强度因子 K_{I}，脚标Ⅰ表示Ⅰ

型裂纹。K_I 越大，则应力场的应力值也越大。

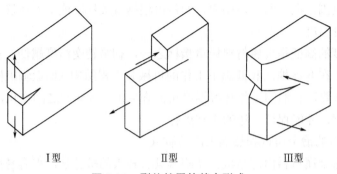

Ⅰ型　　　　　Ⅱ型　　　　　Ⅲ型

图 5.11　裂纹扩展的基本形式

Ⅰ型裂纹应力场强度因子 K_I 的值与裂纹尺寸 a 和外加应力 σ 有如下关系：

$$K_I = Y\sigma\sqrt{a}$$

式中，Y 为与裂纹形状、试样类型及加载方式有关的系数（一般 $Y=1\sim2$）。K_I 的单位为 $MPa \cdot m^{1/2}$。

（3）断裂韧度及其应用

K_I 是一个取决于 σ 和 a 的复合力学参量。K_I 随 σ 和 a 增大而增大。当 K_I 增大到某一临界值时，就能使裂纹尖端附近的内应力达到材料的断裂强度，从而导致裂纹扩展，最终使材料断裂。这种裂纹扩展时的临界状态所对应的应力场强度因子称为材料的断裂韧度，用 K_{IC} 表示。K_{IC} 的单位与 K_I 相同，也为 $MPa \cdot m^{1/2}$。

必须指出，K_I 和 K_{IC} 是两个不同的概念。两者的区别和 σ 与 $\sigma_{0.2}$ 的区别相似。金属拉伸试验时，当应力 σ 增大到条件屈服强度 $\sigma_{0.2}$ 时，材料开始发生明显塑性变形。同样，当应力场强度因子 K_I 增大到断裂韧度 K_{IC} 时，材料中裂纹就会失稳扩展，并导致材料断裂。

因此，K_I 与 σ 对应，都是力学参量，它们和力及试样尺寸有关，和材料本身无关。而 K_{IC} 与 $\sigma_{0.2}$ 对应，都是材料的力学性能指标，它们和材料成分、组织结构有关，而和力及试样尺寸无关。

根据应力场强度因子 K_I 和断裂韧度 K_{IC} 的相对大小，可判断含裂纹的材料在受力时裂纹是否会失稳扩展而导致断裂，即：

$$K_I = Y\sigma\sqrt{a} \geqslant K_{IC} = Y\sigma_C\sqrt{a_C}$$

式中，σ_C 为裂纹扩展时的临界状态所对应的工作应力，称为断裂应力；a_C 为裂纹扩展时的临界状态所对应的裂纹尺寸，称为临界裂纹尺寸。

上式是工程安全设计中防止低应力脆断的重要依据，它将材料断裂韧度与零件（或构件）的工作应力及裂纹尺寸的关系定量地联系起来，应用这个关系式可以解决以下几方面问题：

① 在测定了材料的断裂韧度 K_{IC}，并探伤测出零件（或构件）中裂纹尺寸 a 后，可确定零件（或构件）的断裂应力 σ_C，为载荷设计提供依据。

② 已知材料的断裂韧度 K_{Ic} 及零件（或构件）的工作应力，可确定其允许的临界裂纹尺寸 a_c，为制定裂纹探伤标准提供依据。

③ 根据零件（或构件）中工作应力及裂纹尺寸 a，确定材料应有的断裂韧度 K_{Ic}，为正确选用材料提供依据。

5.1.5　金属材料的疲劳强度

（1）疲劳断裂

工程中有许多零件，如发动机曲轴、齿轮、弹簧及滚动轴承等都是在变动载荷下工作的，根据变动载荷的作用方式不同，零件承受的应力可分为交变应力与重复应力两种，交变应力如图 5.12 所示。

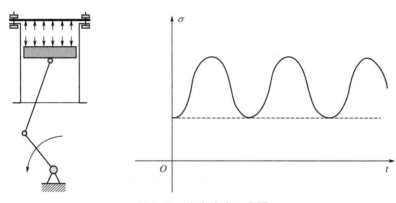

图 5.12　交变应力示意图

承受交变应力或重复应力的零件，在工作过程中，往往在工作应力低于其屈服强度的情况下发生断裂，这种现象称为疲劳断裂。不管是脆性材料还是韧性材料，疲劳断裂都是突然发生的，事先均无明显塑性变形的预兆，很难事先觉察到，也属于低应力脆断，故具有很大的危险性。

产生疲劳断裂的原因，一般认为是在零件应力高度集中的部位或材料本身强度较低的部位，如原有裂纹、软点、脱碳、夹杂、刀痕等缺陷处，在交变或重复应力的反复作用下产生了疲劳裂纹，并随着应力循环次数的增加，疲劳裂纹不断扩展，使零件承受载荷的有效面积不断减小，最后当减小到不能承受外加载荷的作用时，零件即发生突然断裂。因此，零件的疲劳失效过程可分为疲劳裂纹产生、疲劳裂纹扩展和瞬时断裂三个阶段。疲劳宏观断口一般也具有三个区域，即疲劳源、以疲劳源为中心逐渐向内扩展呈海滩状条纹（贝纹线）的裂纹扩展区和呈纤维状（韧性材料）或结晶状（脆性材料）的瞬时断裂区。图 5.13 为汽车轮毂螺栓疲劳断口宏观形貌。

（2）疲劳曲线与疲劳极限

大量试验证明，金属材料所受的交变应力 σ 越大，则断裂前所经受的载荷循环数（定义为疲劳寿命）越少。如图 5.14 所示，这种交变应力 σ 与疲劳寿命 N 的关系曲线为疲劳曲线或 σ-N 曲线。

图5.13　汽车轮毂螺栓疲劳断口宏观形貌

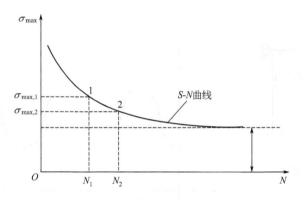

图5.14　疲劳曲线（σ-N 曲线）

一般情况下，低中强度钢的 σ-N 曲线特征是当循环应力小于某一数值时，循环周次可以达到很大，甚至无限大，而试样仍不会发生疲劳断裂，此时的应力就是试样不发生断裂的最大循环应力，该应力值为疲劳极限。光滑试样的对称循环弯曲的疲劳极限用 σ_1 表示。按照 GB/T 4337—2015 规定，一般钢铁材料的循环周次为 10^7 次时，能承受的最大循环应力为疲劳极限。

（3）提高疲劳极限的途径

由于金属疲劳极限与抗拉强度的测定方法不同，故它们之间没有确定的定量关系。但经验证明，在其他条件相同的情况下，材料抗拉强度越高，其疲劳极限也越高。当钢材抗拉强度 σ_b<14000MPa 时，σ_1 与 σ_b 之比（称疲劳比）在 0.4 ～ 0.6 之间。因此，零件的失效形式中，约有 80% 是疲劳断裂造成的。为了防止疲劳断裂的产生，必须设法提高零件的疲劳极限。疲劳极限除与选用材料的性质有关外，还可通过以下途径来提高其疲劳极限：

① 在零件结构设计方面尽量避免尖角、缺口和截面突变，以免应力集中及由此引发疲劳裂纹。

② 降低零件表面粗糙度，提高表面加工质量，以及尽量减少能成为疲劳源的表面缺陷（氧化、脱碳、裂纹、夹杂等）和表面损伤（刀痕、擦伤、生锈等）。

③ 采用各种表面强化处理，如化学热处理和喷丸、滚压等表面冷塑性变形加工，不仅可提高零件表层的疲劳极限，还可获得有益的表层残余压应力，以抵消或降低产生疲劳裂纹

的拉应力。图 5.15 为表面强化处理提高疲劳极限示意图。

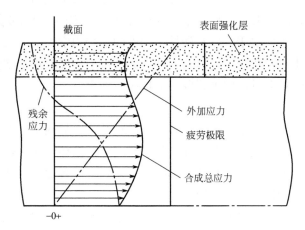

图 5.15　表面强化处理提高疲劳极限示意图

图 5.15 中两根虚线分别表示外加载荷引起的拉应力和表面强化产生的残余应力，这两类应力的合成应力用箭头表示，实线为材料及其表面强化层的疲劳极限。由此可见，由于表层的疲劳极限提高，以及表层残余压应力使表层的合成应力降低，其结果为合成应力低于疲劳极限，故不会发生疲劳断裂。

（4）其他疲劳

① 低周疲劳

上述的疲劳现象是在机件承受的交变应力（或重复应力）较低，加载的频率较高，而断裂前所经受循环周次也较高的情况下发生的，故也称为高周疲劳。

工程中有些机件是在承受交变应力（或重复应力）较高（接近或超过材料的屈服强度），加载频率较低，并经受循环周次较低（$10^2 \sim 10^5$ 周次）时发生了疲劳断裂，这种疲劳称低周疲劳。

由于低周疲劳的交变应力（或重复应力）接近或超过材料的屈服强度，且其加载频率又较低，致使每一循环周次中，在机件的应力集中部位（诸如拐角、圆孔、沟槽、过渡截面等）都会发生定量的塑性变形，这种循环应变促使疲劳裂纹的产生，并在塑性区中不断扩张直至机件断裂。在工程中有许多机件是由于低周疲劳而破坏的，例如，风暴席卷海船的壳体、常年阵风吹刮的桥梁、飞机在起动和降落时的起落架、经常充气的高压容器等，它们往往都是因承受循环塑性应变作用而发生低周疲劳断裂。

应当指出，当机件在高周疲劳下服役时，应主要考虑材料的强度，即选用高强度的材料。而低周疲劳的寿命与材料的强度及各种表面强化处理关系不大，它主要取决于材料的塑性。因而，当机件在低周疲劳下服役时，应在满足强度要求下，选用塑性较高的材料。

② 冲击疲劳

工程上许多承受冲击力的零件，很少在服役期间只经受大能量的一次或几次冲击就断裂失效，一般都是承受小能量的多次（$>10^5$ 次）冲击才断裂。这种小能量多次冲击断裂和大能量一次冲击断裂有本质的不同。它是多次冲击力引起的损伤积累和裂纹扩展的结果，断裂后具有疲劳断口的特征，故属于疲劳断裂。这种承受小能量冲击力的零件，在经过千百万次冲击后发生断裂的现象，称为冲击疲劳。因此，对这些零件已不能用一次冲击弯曲试验所测得的冲击吸收功 A_{ku}（或 A_{kv}）来衡量其对冲击力的抗力，而应采用冲击疲劳抗力的指标。

冲击疲劳抗力是一个取决于强度和塑性、韧性的综合力学性能。大量试验表明，当冲击能量较高、断裂前冲击次数较少时，材料的冲击疲劳抗力主要取决于塑性和韧性，冲击能量较低、断裂前冲击次数较多时，则主要取决于材料的强度。

③ 热疲劳

工程上有许多零件，如热锻模、热轧辊、涡轮机叶片、加热炉零件及热处理夹具等都是在温度反复循环变化下工作的。由于循环变化的温度引起循环变化的热应力，这种循环热应力产生的原因是由于温度变化时，材料的热胀冷缩受到来自外部或内部的约束力，使材料不能自由膨胀或收缩，这种情况引起的疲劳称为热疲劳。

提高热疲劳抗力的主要途径有：降低材料的线膨胀系数；提高材料的高温强度和导热性；尽可能减少应力集中和使热应力得到应有的塑性松弛；等。

④ 接触疲劳

接触疲劳通常发生在滚动轴承、齿轮、钢轨与轮毂等这类零件的接触表面。因为接触表面在接触压应力的反复长期作用后，会引起材料表面因疲劳损伤而使局部区域产生小片金属剥落，这种疲劳破坏现象称为接触疲劳。接触疲劳与一般疲劳一样，同样有疲劳裂纹产生和疲劳裂纹扩展两个阶段。

接触疲劳破坏形式有麻点剥落（点蚀）、浅层剥落和深层剥落三类。在接触表面上出现深度在 0.1～0.2mm 的针状或凹坑状，称为麻点剥落。浅层剥落深度一般为 0.2～0.4mm，剥落底部大致和表面平行。深层剥落深度和表面强化层深度相当，产生较大面积的表层压碎。

提高接触疲劳抗力的主要途径有：尽可能减少材料中非金属夹杂物，改善表层质量（内部组织状态及外部加工质量）；适当控制内部硬度及表层的硬度与深度；保持良好润滑状态。

⑤ 腐蚀疲劳

腐蚀疲劳是零件在腐蚀性环境中承受变动载荷所产生的一种疲劳破坏现象。

由于材料使用时受到腐蚀和疲劳两个因素的组合作用，加速了疲劳裂纹的产生和扩展，所以它比这两个因素单独作用时的危害性大得多。如船舶推进器、压缩机和燃气轮机叶片等产生腐蚀疲劳破坏事故在国内外常有报道，故腐蚀疲劳也应引起人们重视。

由于材料的腐蚀疲劳极限与抗拉强度间不存在比例关系，因此，提高腐蚀疲劳抗力的主要途径有：在腐蚀介质中添加缓蚀剂；采用电化学保护；通过各种表面处理方法使零件表面产生残余压应力；等。

5.2 金属材料的物理性能和化学性能 ▶▶▶

5.2.1 金属材料的物理性能

金属材料在各种物理条件作用下所表现出的性能称为物理性能。它包括密度、熔点、导热性、导电性、热膨胀性和磁性等。

（1）密度

物质单位体积的质量称为该物质的密度，用符号 ρ 表示。密度是金属材料的一个重要物理性能，不同材料的密度不同。体积相同的不同金属，密度越大，其质量也越大。在机械制造中，金属材料的密度与零件自重和效能有直接关系，因此，通常作为零件选材的依据之一。如强度与密度之比称为比强度，弹性模量 E 与密度 ρ 之比称为比弹性模量，它们都是零件选材的重要指标。此外，还可以通过测量金属材料的密度来鉴别材料的材质。

工程上通常将密度小于 $5 \times 10^3 kg/m^3$ 的金属称为轻金属，密度大于 $5 \times 10^3 kg/m^3$ 的金属称为重金属。

（2）熔点

金属从固态转变为液态的最低温度，即材料的熔化温度称为熔点。每种金属都有其固定的熔点。

熔点是金属和合金冶炼、铸造、焊接过程中的重要工艺参数。一般来说，金属的熔点低，冶炼、铸造和焊接都易于进行。工业上常用的防火安全阀及熔断器等零件，需使用低熔点的易熔金属，而工业高温炉、火箭、导弹、燃气轮机和喷气飞机等的某些零部件，必须用耐高温的难熔金属。

（3）导热性

金属材料传导热量的性能称为导热性，常用热导率 λ 表示，常见金属的热导率参见表5.2。一般来说，金属及合金的导热性远高于非金属，金属材料的热导率越大，说明导热性越好。

表 5.2　常见金属的热导率

名称	熔点 /℃	热导率 /[W/(m·K)]	名称	熔点 /℃	热导率 /[W/(m·K)]
灰口铁	1200	54	铝	658	238
碳素钢	1400～1500	48	铅	327	35
不锈钢		24.5	锡	232	64
黄铜	1083	106	锌	419	117
青铜	995	64	镍	1452	94
紫铜	1083	407	钛	1668	22.4

金属中银的导热性最好，铜、铝次之。金属的导热性对焊接、锻造和热处理等工艺有很大影响。导热性好的金属，在加热和冷却过程中不会产生过大的内应力，可防止工件变形和开裂。此外，导热性好的金属散热性也好，因此，散热器和热交换器等传热设备的零部件，常选用导热性好的铜、铝等金属材料来制造。导热性差的材料则可用来制造绝热材料。

（4）导电性

金属材料传导电流的性能称为导电性，以电导率表示，但常用其倒数——电阻率 ρ 表示。金属材料的电阻率越小，导电性越好。

通常金属的电阻率随温度的升高而增加。相反，非金属材料的电阻率随温度的升高而降低。金属及其合金具有良好的导电性能，银的导电性能最好，铜、铝次之，故工业上常用铜、铝及其合金作导电材料。而导电性差的金属如康铜、钨等可制造电热元件。

（5）热膨胀性

金属材料在受热时体积增大，冷却时体积缩小的性能称为热膨胀性。

热膨胀性是金属材料的又一重要性能，在选材、加工、装配时经常需要考虑该项性能。如轴与轴瓦之间要根据零件材料的线膨胀系数来确定其配合间隙；精密量具应采用线膨胀系数较小的材料制造；工件尺寸的测量要考虑热膨胀因素的影响以减小测量误差；等。

（6）磁性

金属材料能导磁的性能称为磁性。不同的金属材料，其导磁性能不同。常用金属材料中，铁、镍、钴等具有较高磁性，称为磁性金属；铜、铝、锌等没有磁性，称为抗磁金属。

但金属材料的磁性也不是永远不变的，当温度升高到一定程度时，金属的磁性会减弱或消失。

一般磁性材料分软磁材料和永磁材料：软磁材料易磁化，导磁性良好，但外磁场去除后，磁性基本消失，如电工纯铁、硅钢片等；永磁材料经磁化后能保持磁场，磁性不易消失，如铝镍钴系和稀土钴等。

5.2.2　金属材料的化学性能

在机械制造中，金属不但要满足力学性能和物理性能要求，同时还要求具有一定的化学性能，尤其是要求中高温的机械零件，更应重视金属的化学性能。

金属材料的化学性能主要包括：耐蚀性、抗氧化性、化学稳定性、热稳定性等。

（1）耐蚀性

金属在常温下抵抗氧、水及其他化学介质破坏的能力称为耐蚀性。金属的耐蚀性是一个重要的性能指标，尤其对在腐蚀性介质（如水、盐、有毒气体等）中工作的零件，其腐蚀现象比在空气中更为严重。因此，在选择制造这些零件的金属材料时，应特别注意金属的耐蚀性，应选用耐蚀性好的金属或合金制造。

（2）抗氧化性

金属在加热时抵抗氧化作用的能力称为抗氧化性。金属的氧化随温度升高而加速，如钢材在铸造、锻造、热处理、焊接等热加工作业时，氧化比较严重。氧化不仅造成金属材料过量的损耗，还会形成各种缺陷，因此常采取措施避免金属材料发生氧化。

（3）化学稳定性

化学稳定性是金属的耐蚀性与抗氧化性的总称。金属在高温下的化学稳定性称为热稳定性。在高温条件下工作的设备（如锅炉、加热设备、汽轮机、喷气发动机等）及部件都需要选择热稳定性好的金属来制造。

5.3　金属材料的工艺性能　▶▶▶

工艺性能是金属材料物理、化学性能和力学性能在加工过程中的综合反映，是指是否易于进行冷、热加工的性能。按工艺方法的不同，可分为铸造性能、可锻性、焊接性和切削加工性能等。

（1）铸造性能

金属材料的铸造性能是指金属能否用铸造方法获得合格铸件的能力，包括：流动性、收缩性、偏析倾向等。

流动性是指液态金属充满型腔的能力；收缩性是指金属从液态凝固成固态时收缩的程度；偏析倾向是指金属凝固后内部产生的化学成分及组织的不均匀程度。

（2）可锻性

金属材料的可锻性是指金属材料在受锻压后，可改变自己的形状而不产生破裂的性能。金属的可锻性随着钢中的含碳量和某些降低金属塑性等因素的合金元素的增加而变坏。碳钢一般均能锻造，低碳钢可锻性最好，锻后一般不需热处理；中碳钢次之；高碳钢则较差，锻后需热处理。当含碳量达 2.2% 时，就很难锻造了。低合金钢的锻造性能近似于中碳钢；高合金钢锻造比碳钢困难。

（3）焊接性

金属材料的焊接性是指金属材料在采用一定的焊接工艺（包括焊接方法、焊接材料、焊接规范及焊接结构形式等）的条件下，获得优良焊接接头的能力。一种金属，如果能用较多普通又简便的焊接工艺获得优良的焊接接头，则认为这种金属具有良好的焊接性。

金属材料焊接性一般分为工艺焊接性和使用焊接性两个方面。

工艺焊接性是指在一定焊接工艺条件下，获得优良、无缺陷焊接接头的能力。它不是金属固有的性质，而是根据某种焊接方法和所采用的具体工艺措施来进行评定的。所以金属材料的工艺焊接性与焊接过程密切相关。

使用焊接性是指焊接接头或整个结构满足产品技术条件规定的使用性能的程度。使用性能取决于焊接结构的工作条件和设计上提出的技术要求。通常包括力学性能、抗低温韧性、抗脆断性能、高温蠕变、疲劳性能、持久强度、耐蚀性能和耐磨性能等。例如常用的 S30403、S31603 不锈钢就具有优良的耐蚀性能，16MnDR、09MnNiDR 低温钢具备良好的抗低温韧性性能。

（4）切削加工性能

材料的切削加工性能是指切削加工金属材料的难易程度。

切削加工性能一般由工件切削后的表面粗糙度及刀具寿命等方面来衡量。影响切削加工性能的因素主要有工件的化学成分、组织、状态、硬度、塑性、导热性和形变强度等。一般认为金属材料具有适当的硬度和足够的脆性时较易切削。所以铸铁比钢切削加工性能好，一般碳钢比高合金钢切削加工性能好。改变钢的化学成分和进行适当的热处理，是改善钢切削加工性能的重要途径。

在设计零件和选择工艺方法时，都要考虑金属材料的工艺性能。例如，灰铸铁的铸造性能优良，是其广泛用来制造铸件的重要原因，但它们的可锻性极差，不能进行锻造，焊接性也较差。又如，低碳钢的焊接性优良，而高碳钢则很差，因此焊接结构广泛采用低碳钢。

以上各工艺性能目前发展都已经比较成熟，近年来金属材料的 3D 打印技术已经越来越引起人们的关注。

金属材料 3D 打印技术的核心工艺是数控设备作为辅助，用高能束流（激光、电子束等）

将金属材料以球形粉末状或者丝材的形式进行逐层熔融沉积成构件。主要的成型方式包括：激光选区烧结技术（SLS）、激光选区熔化技术（SLM）和电子束选区熔化成型技术（EBM）等。

5.4 铝及铝合金 ▶▶▶

5.4.1 铝及铝合金简介

铝在地壳中含量近 8.2%，列全部化学元素含量的第三位（仅次于氧和硅），列全部金属元素含量的第一位（Fe 为 5.1%；Mg 为 2.1%；Ti 为 0.6%）。铝以化合态存在于各种岩石或矿石中，如长石、云母、高岭土、铝土矿、明矾。常见含铝矿物如图 5.16 所示。

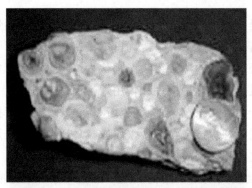

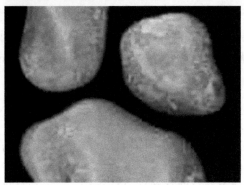

图 5.16　常见含铝矿物

铝合金是以铝为基础，加入一种或几种其他元素（如铜、镁、硅、锰、锌等）构成的合金，从而提高了强度。铝合金具有良好的耐蚀性和加工性。

金属铝最初是用化学法制取的。1825 年丹麦化学家 H. C. Örested 和 1827 年德国化学家 F. Wöhler 分别用钾汞合金和钾还原无水氯化铝，都得到少量金属铝粉末。1854 年 F. Wöhler 还用氯化铝气体通过熔融钾的表面，得到了金属铝珠，每颗重 10 ～ 15mg，因而能够初步测定铝的密度，并认识到铝的熔点不高，具有延展性。电解法炼铝起源于 1854 年，德国化学家 R. W. Bunsen 和法国化学家 S. G. Deville 分别电解氯化钠 - 氯化铝络盐，得到金属铝。1854 年 S. G. Deville 在法国巴黎附近建立了一座小型炼铝厂。1865 年俄国化学家 H. H. BeKeTOB 提议用镁来置换冰晶石中的铝，这一方案被德国 Gmelingen 工厂采用。由于电解法兴起，化学法便渐渐被淘汰。在整个化学法炼铝阶段中（1854 ~ 1895 年），大约总共生产了 200t 铝。1883 年美国人 S.Bradley 申请了电解熔融冰晶石的专利。

铝合金按生产工艺可分为铸造铝合金和变形铝合金两大类。铸造铝合金又可分为 Al- Si 系铸造铝合金、Al-Cu 系铸造铝合金、Al-Mg 系铸造铝合金。变形铝合金可分为防锈铝、硬铝、锻铝和超硬铝四类。防锈铝包括 Al-Mn 及 Al-Mg 系合金，耐蚀性好，机械强度高于工业纯铝，同时具有良好的焊接性，但不能热处理强化。硬铝属 Al-Cu-Mg 合金系，具有很强的时效硬化能力，可热处理强化。铜是硬铝中的主要合金元素，为了提高强度，铜含量控制在 4.0% ~ 4.8% 的范围内。锻铝合金有 Al-Mg-Si 和 Al-Mg-Si-Cu 系普通锻用铝合金及 Al-Cu-Mg-Fe-Ni 系耐热锻铝合金三种。该类合金的主要特点是有良好的热塑性，适用于生产锻件。超硬铝属 Al-Zn-Mg-Cu 系，是铝合金中强度最高的一类。通过控制镁、锌总量，添加适量的铜、铬及锰，可改善合金的抗应力和抗腐蚀能力。

Al-Zn-Mg-Cu 超高强度铝合金具有良好的切削性能，机械强度高，耐磨性能好，经热处理后硬度高，国内此材料已逐步代替铜材（因铝合金的密度为铜合金的 1/3），氧化性能一般，可生产铝棒、方棒、异型棒，但不可生产空腔产品，广泛用于汽车活塞、受力元件、气动元件、五金件、摩托车配件、接头等。

5.4.2 铝及铝合金性能

（1）铝及铝合金的性能特点

① 密度小，熔点低，导电性、导热性好，磁化率低。纯铝的密度为 $2.72g/cm^3$，仅为铁的 1/3，熔点为 660.4℃，导电性仅次于 Cu、Au、Ag。铝合金的密度也很小，熔点更低，但导电、导热性不如纯铝。铝及铝合金的磁化率极低，属于非铁磁材料。

② 抗大气腐蚀性能好。铝和氧的化学亲和力大，在大气中，铝和铝合金表面会很快形成一层致密的氧化膜，防止内部继续氧化。但在碱和盐的水溶液中，氧化膜易破坏，因此不能用铝及铝合金制作的容器盛放盐和碱溶液。

③ 加工性能好，比强度高。纯铝为面心立方晶格，无同素异构转变，具有较高的塑性（δ=30% ~ 50%，ψ=80%），易于压力加工成型，并有良好的低温性能。纯铝的强度低，σ_n=70MPa，虽经冷变形强化，强度可提高到 150 ~ 250MPa，但也不能直接用于制作受力的结构件。铝合金通过冷成型和热处理，其抗拉强度可达到 500 ~ 600MPa，相当于低合金钢的强度，比强度高，成为飞机的主要结构材料。

（2）提高铝及铝合金强度的主要途径

① 固溶强化

纯铝中加入合金元素，形成铝基固溶体，造成晶格畸变，阻碍了位错的运动，起到固溶强化的作用，可使其强度提高。根据合金化的一般规律，形成无限固溶体或高浓度的固溶体型合金时，不仅能获得高的强度，而且还能获得优良的塑性与良好的压力加工性能。Al-Cu、Al-Mg、Al-Si、Al-Zn、Al-Mn 等二元合金一般都能形成有限固溶体，并且均有较大的极限溶解度，因此具有较大的固溶强化效果。

②　时效强化

合金元素对铝的另一种强化作用是通过热处理实现的。但由于铝没有同素异构转变，所以其热处理相变与钢不同。铝合金的热处理强化，主要是由于合金元素在铝合金中有较大的固溶度，且随温度的降低而急剧减小。所以铝合金经加热到某一温度淬火后，可以得到过饱和的铝基固溶体。这种过饱和铝基固溶体放置在室温或加热到某一温度时，其强度和硬度随时间的延长而升高，但塑性、韧性则降低，这个过程称为时效。在室温下进行的时效称为自然时效，在加热条件下进行的时效称为人工时效。时效过程中使铝合金的强度、硬度升高的现象称为时效强化或时效硬化。其强化效果是依靠时效过程中产生的时效硬化现象来实现的。

③　过剩相强化

假如铝中加入合金元素的数量超过了极限溶解度，则在固溶处理加热时，就有一部分不能溶入固溶体的第二相出现，称为过剩相。在铝合金中，这些过剩相通常是硬而脆的金属间化合物。它们在合金中阻碍位错运动，使合金强化，这称为过剩相强化。在生产中经常采用这种方式来强化铸造铝合金和耐热铝合金。过剩相数量越多，分布越弥散，则强化效果越好。但过剩相太多，则会使强度和塑性都降低。过剩相成分结构越复杂，熔点越高，则高温热稳定性越好。

④　细化组织强化

许多铝合金组织都是由 α 固溶体和过剩相组成的。若能细化铝合金的组织，包括细化 α 固溶体或细化过剩相，就可使合金得到强化。由于铸造铝合金组织比较粗大，所以实际生产中经常利用变质处理的方法来细化合金组织。变质处理是在浇注前在熔融的铝合金中加入占合金质量 2% ～ 3% 的变质剂（常用钠盐混合物：2/3NaF+1/3NaCl），以增加结晶核心，使组织细化。经过变质处理的铝合金可得到细小均匀的共晶体加初生 α 固溶体组织，从而显著地提高铝合金的强度及塑性。

工业铝合金的二元相图一般具有如图 5.17 的形式。根据合金的成分和生产工艺不同，将铝合金分为两类：变形铝合金和铸造铝合金。成分小于 D 点的合金为变形铝合金；成分大于 D 点的合金，由于凝固时发生共晶反应，熔点低，流动性好，适于铸造，为铸造铝合金。在变形铝合金中，成分小于 F 点的合金不能热处理强化，称为不能热处理强化的铝合金，而成分位于 F 与 D 之间的合金，其固溶体成分随温度而变化，可进行固溶强化 + 时效强化，称为能热处理强化的铝合金。提高铝与铝合金强度的主要途径是冷变形（加工硬化）、变质处理（细化组织强化）和固溶 + 时效处理（时效强化）。

5.4.3　铝及铝合金在 3D 打印中的应用

在铝合金的市场发展态势方面，根据 Smar Tech 的预测，铝合金占金属 3D 打印中所有金属粉末的消耗量（按体积计算）从 2014 年的 5.1% 将逐渐提高到 2026 年的 11.7% 左右，铝合金在汽车行业的 10 年复合增长率在 51.2%。

铝硅 12 是一种具有良好热性能的轻质增材制造金属粉末。AlSi10Mg 中硅 / 镁组合可显著增加合金的强度和硬度。这种铝合金适用于薄壁、复杂几何形状的零件，是需要良好的热性能和低质量场合中理想的应用材料。其制成的零件组织致密，有铸造或锻造零件的相似性。典型的应用包括汽车、航空航天和航空工业级的原型及生产零部件，例如换热器这样的薄壁零件。

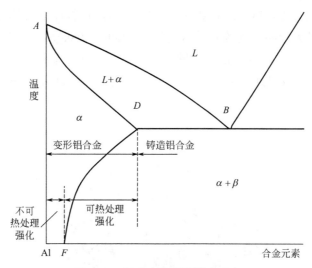

图 5.17　铝合金相图的基本形式

　　2015 年，空客防务和航天公司在英国宣称，他们已经使用铝生产了第一个航天质量的 3D 打印部件（图 5.18）。该部件是英国国家空间技术计划下面一个两年期的研究和开发项目的成果。英国国家空间技术计划是由 Innovate UK 和英国航天局共同发起的。

图 5.18　英国国家空间技术计划研发的航空航天零部件

对于工业级 3D 打印机而言，3D 打印材料的坚韧性是决定其应用广泛与否的一个重要方面。美国普渡大学（Purdue University）研究助理兼实验室技术员 Dahlon P Lyles 为了进行关于晶格结构的概念验证，用铝合金 3D 打印了一个晶格结构的立方体（图 5.19）。为了测试这个铝合金晶格的强度，Lyles 和他的团队对 3.9g 的 3D 打印立方体进行了挤压试验。最终结果表明，晶格最大能够承受的质量达到几乎 900lb（408kg）。也就是说，这个小小的立方体结构能够承受其自身 104615 倍的质量。Lyles 表示，由于质量轻、坚硬度好，晶格结构未来不仅仅能在医学领域得到应用，而且在建筑、工程领域都具有较好的应用前景。

图 5.19　铝制的晶格结构

2020 年，国家增材制造创新中心、西安交通大学卢秉恒院士团队利用电弧熔丝增减材一体化制造技术，制造完成了世界上首件 10m 级高强铝合金重型运载火箭连接环样件（图 5.20），在整体制造的工艺稳定性、精度控制及变形与应力调控等方面均实现重大技术突破。

图 5.20　10m 级高强铝合金重型运载火箭连接环样件

10m 级超大型铝合金环件是连接重型运载火箭贮箱的筒段、前后底与火箭的箱间段之间的关键结构件。该样件重约 1t，创新采用多丝协同工艺装备，制造工艺大为简化，成本大幅降低，制造周期缩短至 1 个月。目前，采用增减材一体化制造技术成功完成超大型环件属国际首例。

5.5 钛合金 ▶▶▶

5.5.1 钛合金简介

钛是 20 世纪 50 年代发展起来的一种重要的结构金属，钛合金因具有强度高、耐蚀性好、耐热性高等特点而被广泛用于各个领域。世界上许多国家都认识到钛合金材料的重要性，相继对其进行研究开发，并得到了实际应用。

第一个实用的钛合金是 1954 年美国研制成功的 Ti-6Al-4V 合金，由于它的耐热性、强度、塑性、韧性、成形性、可焊性、耐蚀性和生物相容性均较好，成为钛合金工业中的王牌合金，该合金使用量已占全部钛合金的 75% ～ 85%。其他许多钛合金都可以看作是 Ti-6Al-4V 合金的改型。

20 世纪 50 至 60 年代，主要是发展航空发动机用的高温钛合金和机体用的结构钛合金，20 世纪 70 年代开发出一批耐蚀钛合金，20 世纪 80 年代以来，耐蚀钛合金和高强钛合金得到进一步发展。耐热钛合金的使用温度已从 20 世纪 50 年代的 400℃ 提高到 20 世纪 90 年代的 600 ～ 650℃。Ti_3Al 和 TiAl 基合金的出现，使钛在发动机的使用部位由发动机的冷端（风扇和压气机）向发动机的热端（涡轮）方向推进。结构钛合金向高强、高塑、高韧、高模量和高损伤容限方向发展。

另外，20 世纪 70 年代以来，还出现了 Ti-Ni、Ti-Ni-Fe、Ti-Ni-Nb 等形状记忆合金，并在工程上获得日益广泛的应用。

世界上已研制出的钛合金有数百种，最著名的合金有 20 ～ 30 种，如 Ti-6Al-4V、Ti-5Al-2.5Sn、Ti-2Al-2.5Zr、Ti-32Mo、Ti-Mo-Ni、Ti-Pd、SP-700、Ti-6242、Ti-10-5-3、Ti-1023、BT9、BT20、IMI829、IMI834 等。

我国占据着全世界 30% 的钛资源储量。世界金融危机曾一度使得钛行业萎靡，但我国的资源是最大的优势。而且全球的航空事业仍在蓬勃发展，而钛合金作为航空材料的主要材料必能得到长足发展。

随着国内 ARJ-21 和 C919 商用飞机项目的深入推进，国内钛工业高端化发展具有政策和市场双重利好支持。并且，与经济实力提升相匹配的国防建设也有助于我国钛产业链延伸发展。其次，波音 787 试飞成功以及空客 A380 的交付使用，市场对国际客机两大巨头恢复钛材需求的预期愈来愈强。据估计 2021 年底，我国航空领域将拥有 5934 架飞机，在此期间，我国大飞机计划也开始实施，预计累计产量将达到 2300 架，这也为钛行业的发展起到了推动作用。

近年来，我国航空事业迅猛发展，神舟系列载人飞船的不断升空，北斗系列卫星不断完善，推动着我国航空航天和国防产业的建设，在带动钛行业发展的同时也在逐步实现资源优势向产业链优势的转变。

5.5.2 钛合金性能

钛是一种新型金属，钛的性能与所含碳、氮、氢、氧等杂质含量有关，最纯的碘化钛杂质含量不超过 0.1%，但其强度低、塑性高。99.5% 工业纯钛的性能为：密度 ρ=4.5g/cm^3，熔点为 1725℃，热导率 λ=15.24W/(m·K)，抗拉强度 σ_b=539MPa，伸长率 δ=25%，断面收缩率 ψ=25%，弹性模量 E=1.078×10^{5}MPa，硬度 195HBW。

钛合金的密度仅为钢的 60%，纯钛的密度才接近普通钢的密度，一些高强度钛合金超过了许多合金结构钢的强度。因此钛合金的比强度远大于其他金属结构材料，可制出单位强度高、刚性好、质轻的零部件。飞机的发动机构件、骨架、蒙皮、紧固件及起落架等都使用钛合金。钛合金的主要性能如下：

（1）热强度高

钛合金使用温度比铝合金高几百摄氏度，在中等温度下仍能保持所要求的强度，可在450～500℃的温度下长期工作的钛合金在 150～500℃ 范围内仍有很高的比强度，而铝合金在 150℃ 时比强度明显下降。钛合金的工作温度可达 500℃，铝合金则在 200℃ 以下。

（2）耐蚀性好

钛合金在潮湿的大气和海水介质中工作，其耐蚀性远优于不锈钢；对点蚀、酸蚀、应力腐蚀的抵抗力特别强；对碱、氯化物、氯的有机物、硝酸、硫酸等有优良的耐蚀性。但钛对具有还原性氧及铬盐介质的耐蚀性差。

（3）低温性能好

钛合金在低温和超低温下，仍能保持其力学性能。间隙元素极低的钛合金，如 TA7，在 −253℃ 下还能保持一定的塑性。因此，钛合金也是一种重要的低温结构材料。

（4）化学活性大

钛的化学活性大，能与大气中 O_2、N_2、H_2、CO、CO_2、水蒸气、氨气等产生强烈的化学反应。含碳量大于 0.2% 时，会在钛合金中形成硬质 TiC；温度较高时，与 N 作用也会形成 TiN 硬质表层；在 600℃ 以上时，钛吸收氧形成硬度很高的硬化层；氢含量上升，也会形成脆化层。吸收气体而产生的硬脆表层深度可达 0.1～0.15 mm，硬化程度为 20%～30%。钛的化学亲和性也大，易与摩擦表面产生黏附现象。

（5）导热弹性小

钛的热导率 λ=15.24W/(m·K)，约为镍的 1/4，铁的 1/5，铝的 1/14，而各种钛合金的热导率比钛的热导率约下降 50%。钛合金的弹性模量约为钢的 1/2，故其刚性差、易变形，不宜制作细长杆和薄壁件，切削时加工表面的回弹量很大，约为不锈钢的 2～3 倍，造成刀具后刀面的剧烈摩擦、黏附、黏结磨损。

5.5.3 钛合金在 3D 打印中的应用

（1）牙科和骨科领域

钛合金具有耐高温、高耐蚀性、高强度、低密度、良好的生物相容性等优点。在用于人体硬组织修复的金属材料中，Ti 的弹性模量与人体硬组织最接近，约 $80 \sim 110GPa$，这可减轻金属种植体与骨组织之间的机械不适应性。因此，钛合金在医疗领域有着广泛的应用前景，越来越受到医师和患者的重视。

最初应用于临床的钛合金主要以纯 Ti 和 Ti6Al4V 为代表。20 世纪中期，美国和英国首先将纯 Ti 应用于生物体中，中国于 20 世纪 70 年代初开始把人工钛髋关节应用于临床。纯 Ti 在生理环境中具有良好的耐蚀性，但其强度和耐磨损性能较差，从而限制了其在承力部位的应用，主要用于口腔修复及承力较小部位的骨替换。与纯 Ti 相比，Ti6Al4V 合金具有较高的强度和较好的加工性能，最初是为航天应用设计，到 20 世纪 70 年代后期被广泛用作外科修复材料，图 5.21 展示的是脊柱外科手术中常用的钛合金支架。长期以来，国内外的研究主要以 Ti6Al4V 为主，但因 Al、V 等是对人体有害的元素，因而研究方向转至不含 Al 和 V 的新型 β 型钛合金，如 TiZrNbSn、Ti24Nb4Zr7.6Sn 等。

图 5.21　3D 打印的钛合金支架

现今，骨科适合运用 3D 打印技术的有骨科手术辅助和骨置换体。手术辅助是指根据病患损伤或需要去除部分数据打印出假骨和辅助导板，使用假骨和导板模拟手术，研究切割位、打孔位、打孔深度等，大幅度提高手术质量，降低手术风险和难度，缩减手术时间，减轻病患痛苦。骨假体利用 3D 打印技术直接制造成轻量化多孔骨，利于假骨活体化，可在空隙内再生人体组织细胞，且定制的假体假骨跟患者身体所长形态相同，最终手术完成后达到接近人体真骨的效果。

■ 拓展阅读

2014 年 4 月，第四军医大学西京医院骨科郭征教授带领的团队完成亚洲首例钛合金 3D 打印骨盆肿瘤假体植入术，使患者巨大肿瘤切除后的缺失骨盆得到精细化重建，解决了复杂部位骨肿瘤切除后骨缺损个体化重建的临床难题。

2015 年 7 月，第四军医大学唐都医院胸腔外科为一名胸骨肿瘤患者成功实施 3D

打印钛合金胸骨植入手术，术后患者恢复良好，无任何并发症出现，这也成为世界首例 3D 打印钛合金胸骨植入术。

牙科具有个性化定制快速需求、轻量微型等突出特点，特别适合采用金属粉末（特别是钛合金）的 3D 打印技术，产品有牙冠、牙桥、舌侧正畸托槽、假牙支架、牙钉等（图 5.22）。如果采用传统制造方式，制造周期长，难以满足个性化需求。同时制造精度不高，难以加工高硬度材料，需要高强度密集手工操作，人工成本高，制造产品质量受制于技师水平等。而采用 3D 打印生产牙科相关植入体零件可避免这些问题，可直接输入 3D 数据，使用钛合金等粉末打印，即可获得合格的牙科植入体零件。

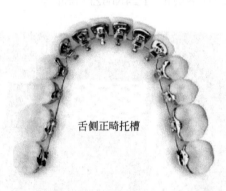

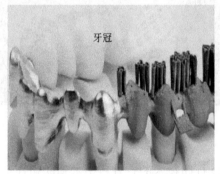

图 5.22　舌侧正畸托槽与牙冠

（2）航空航天领域

传统锻造和铸造技术制备的钛合金件已被广泛应用于高新技术领域，但由于产品成本高、工艺复杂和较长交货周期，限制了其应用范围，特别是有定制化要求的航空航天领域更突显了传统加工方式的弊端。

"轻量化"和"高强度"一直是航空航天设备制造和研发的主要目标，而由 3D 打印制造的金属零件则完全符合其对设备的要求。首先，3D 打印技术集概念设计、技术验证与生产制造于一体，可快速实现小规模产品创新，缩短研发时间。通过 3D 打印某些零件，可节约材料，3D 打印所特有的增材制造技术能使原材料利用率高达 90%，降低生产成本，没有复杂的传统工艺，缩短制造时间，且可制造出形状复杂的零部件。

航空发动机用钛合金主要包括 TC4、TA11、TC18 等；在飞机机身中较广泛应用的钛合金有 TB8、TB6、TB9 等。2016 年，比利时航空航天公司 Sonaca 与法孚米其林 FMAS 公司宣布合作，为航空航天行业开发和制造 3D 打印的钛合金零件。法国也投资 1050 万美元启动 FAIR 项目，以帮助推进该国工业增材制造技术的发展。美国使用 3D 打印钛合金零件的 F-35 战机已进行试飞。

■■ 拓展阅读 ────────────────────────

我国 3D 打印航空航天领域较突出的科研团队为西北工业大学凝固技术国家重点实验室黄卫东教授所带领的团队以及北京航空航天大学王华明教授所带领的团队。他们在航空航天领域均取得了较大的成果。西北工业大学团队已经用 3D 打印制造技术制造了 3m 长的用于国产 C919 飞机上的钛合金中央翼缘条。

此外，中国航天科工三院 306 所技术人员成功突破 TA15 和 Ti2AlNb 异种钛合金材料梯度过渡复合技术，采用激光 3D 打印试制出的具有大温度梯度一体化钛合金结构进气道试验件顺利通过了力热联合试验。该技术成功融合了激光 3D 打印与梯度结构复合制造两种工艺，解决了传统连接方式（如法兰连接、焊接等工艺方法）带来的增重、密封性差和结构件整体强度刚度低等问题，为具有温度梯度结构的开发设计与制造开辟了新的研制途径。同时，开创了一种异种材料间非传统连接的制造模式，实现了结构功能一体化零部件的设计与制造。

3D 打印还可直接用于零部件的修复和制造。图 5.23 是利用 3D 打印制造的典型的航空叶片。航空航天零件结构较复杂，且成本很高昂，一旦出现瑕疵或缺损，可能造成数十万甚至上百万元的损失。而 3D 打印技术可用同一材料将缺损部位修补成完整形状，修复后的性能不受影响，大大节约时间和金钱。

图 5.23　3D 打印的航空叶片

5.6 不锈钢 ▶▶▶

5.6.1 不锈钢简介

不锈钢（Stainless Steel）是不锈耐酸钢的简称，耐空气、蒸汽、水等弱腐蚀介质或具有不锈性的钢种称为不锈钢；而将耐化学腐蚀介质（酸、碱、盐等）腐蚀的钢种称为耐酸钢。由于两者在化学成分上的差异，使它们的耐蚀性不同，普通不锈钢一般不耐化学介质腐蚀，耐酸钢则一般均具有不锈性。

"不锈钢"一词不仅仅单纯指一种不锈钢，而是表示一百多种工业不锈钢，所开发的每种不锈钢都在其特定的应用领域具有良好的性能。成功的关键首先是要弄清用途，然后再确定正确的钢种。和建筑构造应用领域有关的钢种通常只有六种。它们都含有17%～22%的铬，较好的钢种还含有镍。添加钼可进一步改善大气腐蚀性，特别是耐含氯化物大气的腐蚀。

不锈钢常按组织状态分为：马氏体不锈钢、铁素体不锈钢、奥氏体不锈钢、奥氏体-铁素体双相不锈钢及沉淀硬化不锈钢等。另外，不锈钢可按成分分为：铬不锈钢、铬镍不锈钢和铬锰氮不锈钢等。还有用于压力容器用的专用不锈钢。

（1）铁素体不锈钢

铁素体不锈钢含Cr15%～30%，其耐蚀性、韧性和可焊性随含铬量的增加而提高，耐氯化物应力腐蚀性能优于其他种类不锈钢，属于这一类的不锈钢有Cr17、Cr17Mo2Ti、Cr25、Cr25Mo3Ti、Cr28等。铁素体不锈钢因为含铬量高，耐蚀性与抗氧化性能均比较好，但机械性能与工艺性能较差，多用于受力不大的耐酸结构及作抗氧化钢使用。这类钢能抵抗大气、硝酸及盐水溶液的腐蚀，并具有高温抗氧化性能好、热膨胀系数小等特点，用于硝酸及食品工厂设备，也可制作在高温下工作的零件，如燃气轮机零件等。

（2）奥氏体不锈钢

奥氏体不锈钢含铬大于18%，还含有8%左右的镍及少量钼、钛、氮等元素，综合性能好，可耐多种介质腐蚀。奥氏体不锈钢的常用牌号有1Cr18Ni9、0Cr19Ni9等。0Cr19Ni9钢的w_c<0.08%，钢号中标记为"0"。这类钢中含有大量的Ni和Cr，使钢在室温下呈奥氏体状态。这类钢具有良好的塑性、韧性、焊接性、耐蚀性和无磁或弱磁性，在氧化性和还原性介质中耐蚀性均较好，用来制作耐酸设备，如耐蚀容器及设备衬里、输送管道、耐硝酸的设备零件等，另外还可用作不锈钢钟表饰品的主体材料。奥氏体不锈钢一般采用固溶处理，即将钢加热至1050～1150℃，然后水冷或风冷，以获得单相奥氏体组织。

（3）奥氏体-铁素体双相不锈钢

奥氏体-铁素体双相不锈钢兼有奥氏体和铁素体不锈钢的优点，并具有超塑性，奥氏体和铁素体组织各约占一半。在含碳量较低的情况下，铬含量在18%～28%，镍含量在3%～10%。有些钢还含有Mo、Cu、Si、Nb、Ti、N等合金元素。该类钢与铁素体相比，塑性、韧性更高，无室温脆性，耐晶间腐蚀性能和焊接性能均显著提高，同时还保持有铁素体不锈钢的475℃脆性以及高热导率，具有超塑性等特点。与奥氏体不锈钢相比，该类钢强度高且耐晶间腐蚀和耐氯化物应力腐蚀有明显提高。双相不锈钢具有优良的耐孔蚀性能，也是一种节镍不锈钢。

（4）沉淀硬化不锈钢

沉淀硬化不锈钢基体为奥氏体或马氏体组织，沉淀硬化不锈钢的常用牌号有04Cr13Ni8Mo2Al 等。该类钢是能通过沉淀硬化（又称时效硬化）处理使其硬（强）化的不锈钢。

（5）马氏体不锈钢

马氏体不锈钢强度高，但塑性和可焊性较差。马氏体不锈钢的常用牌号有 1Cr13、3Cr13 等，因含碳较高，故具有较高的强度、硬度和耐磨性，但耐蚀性稍差，用于力学性能要求较高、耐蚀性要求一般的一些零件上，如弹簧、汽轮机叶片、水压机阀等。这类钢是在淬火、回火处理后使用的。锻造、冲压后需退火。

5.6.2 不锈钢在 3D 打印中的应用

传统切削不锈钢材料加工主要有几个难点。

① 切削力大，切削温度高。不锈钢强度大，切削时切向应力大、塑性变形大，因而切削力大。此外材料导热性极差，造成切削温度高，且高温往往集中在刀具刃口附近的狭长区域内，从而加快了刀具的磨损。

② 加工硬化严重。一些高温合金不锈钢在切削时加工硬化倾向大，通常是普通碳素钢的数倍，刀具在加工硬化区域内切削，寿命会缩短。

③ 容易黏刀。不锈钢均存在加工时切屑强韧、切削温度很高的特点。当强韧的切屑流经前刀面时，将产生黏结、熔焊等黏刀现象，影响加工零件表面粗糙度。

而 3D 打印不锈钢材料使用激光选区熔化（SLM）成型工艺，可制造不受几何形状限制的零部件，缩短了产品的开发制造周期，可快速高效地进行小批量复杂零部件的生产制造等。

目前，应用于金属 3D 打印的不锈钢主要有三种：奥氏体不锈钢 316L、马氏体不锈钢 15-5PH、马氏体不锈钢 17-4PH。

奥氏体不锈钢 316L，具有高强度和耐腐蚀性，可在很宽的温度范围下降到低温，可应用于航空航天、石化等行业，也可以用于食品加工和医疗等领域。

马氏体不锈钢 15-5PH，又称马氏体时效（沉淀硬化）不锈钢，具有很高的强度、良好的韧性、耐腐蚀性，而且可以进一步硬化，是无铁素体。目前，广泛应用于航空航天、石化、化工、食品加工、造纸和金属加工业。

马氏体不锈钢 17-4PH，在高达 315℃下仍具有高强度高韧性，而且耐腐蚀性超强，随着激光加工状态可以带来极佳的延展性。目前华中科技大学、南京航空航天大学、中北大学等院校在金属 3D 打印方面研究比较深入；现在的研究主要集中在降低孔隙率、增加强度以及对熔化过程的金属粉末球化机制等方面。

5.7 其他金属材料 ▶▶▶

5.7.1 镍基合金

镍基合金（图 5.24）是指在 650 ~ 1000℃高温下有较高的强度与一定的抗氧化腐蚀能力等综合性能的一类合金。按照主要性能又细分为镍基耐热合金、镍基耐蚀合金、镍基耐磨合金、镍基精密合金与镍基形状记忆合金等。高温合金按照基体的不同，分为：铁基高温合金、镍基高温合金与钴基高温合金。其中镍基高温合金简称镍基合金。

镍基高温合金（以下简称镍基合金）是 20 世纪 30 年代后期开始研制的。英国于 1941 年首先生产出镍基合金 Nimonic 75（Ni20Cr0.4Ti），为了提高蠕变强度又添加铝，研制出 Nimonic 80（Ni20Cr2.5Ti1.3Al）。美国于 20 世纪 40 年代中期，苏联于 20 世纪 40 年代后期，中国于 20 世纪 50 年代中期也先后研制出镍基合金。镍基合金的发展包括两个方面：合金成分的改进和生产工艺的革新。20 世纪 50 年代初，真空熔炼技术的发展为炼制含高铝和钛的镍基合金创造了条件。初期的镍基合金大都是变形合金。20 世纪 50 年代后期，由于涡轮叶片工作温度的提高，要求合金有更高的高温强度，但是合金的强度高了，就难以变形，甚至不能变形，于是采用熔模精密铸造工艺，发展出一系列具有良好高温强度的铸造合金。20 世纪 60 年代中期发展出性能更好的定向结晶和单晶高温合金以及粉末冶金高温合金。为了满足舰船和工业燃气轮机的需要，20 世纪 60 年代以来还发展出一批抗热腐蚀性能较好、组织稳定的高铬镍基合金。在从 20 世纪 40 年代初到 20 世纪 70 年代末大约 40 年的时间内，镍基合金的工作温度从 700℃提高到 1100℃，平均每年提高 10℃左右。

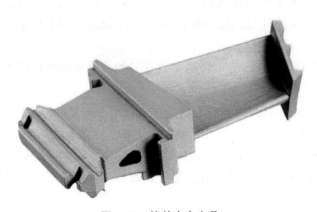

图 5.24 镍基合金产品

图 5.25 是国产 3D 打印的镍基高温合金航空发动机机匣，直径 576mm。在该产品的 3D 打印过程中，采用了四激光器、四振镜技术，相比单激光器、单振镜效率提升了一到两倍。

5.7.2 钴铬合金

钴铬合金是指以钴和铬为主要成分的高温合金，它的耐蚀性和机械性能都非常优异，用其制作的零件强度高、耐高温，且有杰出的生物相容性，最早用于制作人体关节，现在已广泛应用到口腔领域。由于其不含对人体有害的镍元素与铍元素，3D 打印个性化定制的钴铬合金烤瓷牙（图 5.26）已成为非贵金属烤瓷的首选。根据不同的临床要求，钴铬合金的成分不尽相同，一般可分为软质、中硬质及硬质三种。

图 5.25　3D 打印镍基高温合金航空发动机机匣

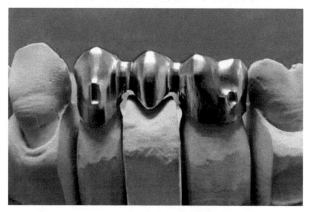

图 5.26　钴铬合金在牙科的应用

5.7.3　镁合金

镁合金是以镁为基础加入其他元素组成的合金。其特点是：密度小（1.8g/cm³ 左右），强度高，弹性模量大，散热好，消震性好，承受冲击载荷能力比铝合金大，耐有机物和碱的腐蚀性能好。主要合金元素有铝、锌、锰、铈、钍以及少量锆或镉等。目前使用最广的是镁铝合金，其次是镁锰合金和镁锌锆合金。主要用于航空、航天、运输、化工等领域。镁在实用金属中是最轻的金属，镁的密度大约是铝的 2/3，是铁的 1/4，具有高强度、高刚性。

美国匹兹堡大学工程学教授 Prashant Kumpta 和他的团队开发出用镁和铁的合金制成的一种类似腻子的材料，这种材料可以根据骨折的实际情况，通过增材制造技术制成特定形状，然后植入伤处以辅助骨骼恢复。而且这种腻子似的材料不仅能够帮助修复骨骼，而且能够在骨骼愈合的同时自行溶解，当骨骼完全恢复之后它也就溶解完毕，不留下任何痕迹。

5.8 复习与思考 ▶▶▶

1. 名词解释：强度、塑性、屈服强度、冲击韧性、断裂强度、疲劳强度。
2. 简述布氏硬度、洛氏硬度、维氏硬度的测试原理以及测试范围。
3. 简述金属材料的工艺性能有哪些。
4. 铝合金主要的性能特点有哪些？
5. 铝合金常用的 3D 打印工艺有哪些？
6. 钛合金的主要性能有哪些？
7. 为什么 3D 打印的钛合金可以在生物领域使用？
8. 不锈钢的主要特点有哪些？主要性能有哪些？
9. 简述传统不锈钢的加工难点。
10. 能用作 3D 打印人工骨相关零件金属应该具有什么性能？

第6章

3D 打印材料——无机非金属材料

6.1 **陶瓷材料** ▷▷▷

6.1.1 陶瓷材料简介

陶瓷材料是指用天然或合成化合物经过成型和高温烧结制成的一类无机非金属材料。它具有高熔点、高硬度、高耐磨性、耐氧化等优点，可用作结构材料、刀具材料。由于陶瓷还具有某些特殊的性能，又可作为功能材料。

近几十年以来，随着制备技术的进步，出现了一个具有优良特性的陶瓷——新型陶瓷。新型陶瓷材料在性能上有其独特的优越性。在热和机械性能方面，有耐高温、隔热、高硬度、耐磨损等；在电性能方面有绝缘性、压电性、半导体性、磁性等；在化学方面有催化、耐腐蚀、吸附等功能；在生物方面，具有一定生物相容性，可作为生物结构材料等。

陶瓷 3D 打印技术的发展在近几年可谓迅速，其背后的主要驱动力是对零件更高耐热性、强度和韧性不断增长的需求将金属推到了性能极限，而工业陶瓷则具有更优异的表现。图 6.1 为正在 3D 打印的陶瓷工艺品。陶瓷 3D 打印工艺和材料也更加多样化，此前昂贵的技术正在变得可以承受。

6.1.2 陶瓷材料的性能

（1）力学特性

陶瓷材料是工程材料中刚度最好、硬度最高的材料，其硬度大多在 1500HV 以上。陶瓷的抗压强度较高，但抗拉强度较低，塑性和韧性很差。

（2）热特性

陶瓷材料一般具有高的熔点（大多在 2000℃以上），且在高温下具有极好的化学稳定性。陶瓷的导热性低于金属材料，陶瓷还是良好的隔热材料。同时陶瓷的线膨胀系数比金属低，当温度发生变化时，陶瓷具有良好的尺寸稳定性。

图 6.1　3D 打印陶瓷工艺品

（3）电特性

大多数陶瓷具有良好的电绝缘性，因此大量用于制作各种电压（1 ～ 110kV）的绝缘器件。铁电陶瓷（钛酸钡 $BaTiO_3$）具有较高的介电常数，可用于制作电容器。铁电陶瓷在外电场的作用下，还能改变形状，将电能转换为机械能（具有压电材料的特性），可用于扩音机、电唱机、超声波仪、声呐、医疗用声谱仪等。少数陶瓷还具有半导体的特性，可用于整流器。磁性陶瓷（铁氧体如 $MgFe_2O_4$、$CuFe_2O_4$、Fe_3O_4）在录音磁带、唱片、变压器铁芯、大型计算机记忆元件方面有着广泛的应用。

（4）化学特性

陶瓷材料在高温下不易氧化，并对酸、碱、盐具有良好的抗腐蚀能力。

（5）光学特性

陶瓷材料还有独特的光学性能，可用作固体激光器材料、光导纤维材料、光储存器等。透明陶瓷可用于高压钠灯管等。

6.1.3　陶瓷材料在 3D 打印中的应用

目前，已经被成功应用于陶瓷材料的 3D 打印技术包括喷嘴挤压成型、光固化成型（面曝光和激光）、黏合剂喷射成型、激光选区烧结或熔融成型、浆料层铸成型等。

喷嘴挤压成型与塑料 3D 打印的熔融沉积成型技术（FDM）类似。该技术采用混有陶瓷粉末的喷丝作为原材料，使用 100℃以上的温度将喷丝中的高分子材料熔化后挤出喷嘴，挤出后的陶瓷高分子复合材料因为温差而凝固。

光固化成型采用一种由陶瓷粉末、光引发剂、分散剂等混合而成的光固化胶，工艺本身与目前市场上的 DLP 和 SLA 打印机并无大的区别。有的产品（如 Lithoz）会因为光固化胶的高黏度而使用特殊的刮刀涂抹手段来加快成型过程中的材料填充，但归根结底其本质与普通树脂成型并无大的区别。与喷嘴挤压出的毛坯件一样，光固化成型技术制造出的 3D 模型也需要在高温炉中进行脱脂和烧结。根据有关公司的产品介绍，使用该工艺制造出的陶瓷制品（例如氧化铝、氧化锆、磷酸钙等）密度可高达 99% 以上。

黏合剂喷射成型是将黏结剂通过打印喷头喷射到陶瓷粉末上，用来将粉末颗粒黏结在一起。然而，根据有限的文献报道，这种技术产生的陶瓷致密度并不高，可能的解释是其受到了粉末铺设的密度的限制。

激光选区烧结或熔融成型主要用于金属材料的 3D 打印，在陶瓷的制造中使用并不多。这是因为使用激光直接对陶瓷粉末进行烧结或者熔化处理时，加工过程中的温度差极易在陶瓷产品中产生应力，这些应力最后会在陶瓷产品内部产生大量裂纹。使用粉末层预热可以降低裂纹形成的可能性，但同时精度也有所降低。大量的研究集中在减少加工过程中的温度差，但是难度极大，目前并未取得太大进展。更加简单易行的方案是在陶瓷粉末中掺入高分子化合物作为黏合剂，使用激光来烧结这些高分子化合物以达到间接成型的目的。然后，与黏合剂喷射成型一样，这种工艺也受到了粉末铺设密度的限制，目前的研究文献报道中使用其加工而成的陶瓷制品密度并不高。

（1）氧化铝陶瓷

传统工艺制备氧化铝陶瓷，过程烦琐，耗时耗力。与传统工艺相比，3D 打印陶瓷具有制作周期短、成本低、加工便捷、可操作性强等优势。因此采用 3D 打印技术制备氧化铝陶瓷，将成为一次新的革命性发展，进一步扩大氧化铝陶瓷的销售市场，在建筑、航空航天和电子消费品等领域获得广泛应用。

图 6.2 展示的是利用 3D 打印技术制备的复杂形状的氧化铝陶瓷。研究者首先采用喷雾造粒技术制备粒径控制在 10～150μm 的氧化铝粉体，再通过激光选区烧结技术打印出具有良好的力学性能的氧化铝陶瓷。

图 6.2　3D 打印技术制备的复杂形状的氧化铝陶瓷

（2）磷酸三钙陶瓷

磷酸三钙的化学组分与骨骼十分相近，具有无变异性、良好的生物相容性等优点，广泛应用于医学领域。目前，国外对磷酸三钙陶瓷 3D 打印技术进行了系统研究。图 6.3 为 3D 打印的磷酸三钙陶瓷生物材料制品，该工艺过程是以 100g 磷酸三钙粉体为原料，与乙醇混合后球磨 6h，浆料经两次干燥后采用喷墨沉积打印技术将素坯成型，同时于 1250℃空气气氛煅烧 2h 制备高质量磷酸三钙陶瓷。

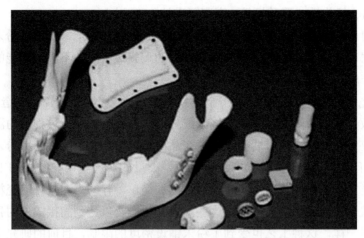

图 6.3　3D 打印的磷酸三钙陶瓷生物材料制品

（3）碳硅化钛陶瓷（Ti₃SiC₂）

碳硅化钛陶瓷具有层状的六方晶体结构，在生物、医疗等方面有着广泛的应用。该材料兼具金属材料的高热导率、高电导率、良好的延展性、塑性和陶瓷材料的高强度、稳定性、耐蚀性和抗氧化性能优越等优点。目前，国内外对碳硅化钛陶瓷的制备已进行了大量的实验研究，制备碳硅化钛陶瓷的方法主要有自蔓延高温合成法（SHS）、热等静压法（HIP）、化学气相沉积法（CVD）、固相反应（SR）、放电等离子烧结（SPS）和热压法（HP）等。但是采用这些制备方法都需要在前期制作相应的成型模具，成本高、耗时长、灵活性差，不利于制作形状复杂、中空的零件。利用 3D 打印技术制备 Ti₃SiC₂ 陶瓷则可以有效地克服上述缺点。

（4）羟基磷灰石

羟基磷灰石（HA）作为骨骼、牙齿的主要无机成分，并在各种组织和细胞之间表现出优异的生物相容性，使其成为应用广泛的人工骨替代材料。但 HA 强度低、脆性大、易碎，因而对 HA 制件抗压性、增韧性等力学性能的研究也从未间断。当前实验已经验证了 3D 打印制备的多孔羟基磷灰石植入体植入人体具备可行性，制件的抗压强度和孔径要求满足作为植入体的要求，且能够实现细胞的黏附和生长。

6.2　石膏材料　▶▶▶

6.2.1　石膏材料简介

石膏（图 6.4）是单斜晶系矿物，主要化学成分为硫酸钙（CaSO₄）的水合物。石膏是一种用途广泛的工业材料和建筑材料。可用于水泥缓凝剂、石膏建筑制品、模型制作、医用食品添加剂、硫酸生产、纸张填料、油漆填料等。

图 6.4　石膏矿原料

石膏的形态主要有板状、纤维状、块状集合体。石膏及其制品的微孔结构和加热脱水性，使之具优良的隔声、隔热和防火性能。我国是世界上天然石膏蕴藏量最多的国家之一，总量达到 600 亿吨以上。华东区储量近 400 亿吨，占全国总储量的近 70%。中南区石膏储量虽然不多，由于开采历史悠久，较早地形成了建筑石膏（熟石膏）及其制品的生产规模，尤以湖南、湖北两省位居前列。

6.2.2　石膏材料的性质

自然界中的石膏主要分为两大类：二水石膏和无水石膏（硬石膏）。二水石膏的分子中含有两个结晶水，化学分子式为 $CaSO_4 \cdot 2H_2O$，纤维状集合体，呈长块状、板块状，有白色、灰白色或淡黄色，有的半透明；体重质软，指甲能刻划，条痕白色；易纵向断裂，手捻能碎，纵断面具纤维状纹理，显绢线光泽，无臭，味淡。

天然二水石膏（$CaSO_4 \cdot 2H_2O$）又称为生石膏，经过煅烧、磨细可得 β 型半水石膏（$2CaSO_4 \cdot H_2O$），即建筑石膏，又称熟石膏、灰泥。若煅烧温度为 190℃可得模型石膏，其细度和白度均比建筑石膏高。若将生石膏在 400～500℃或高于 800℃下煅烧，即得地板石膏，其凝结、硬化较慢，但硬化后强度、耐磨性和耐水性均比普通建筑石膏好。

无水石膏为天然无水硫酸钙（$CaSO_4$），属斜方晶系的硫酸盐类矿物。分子中不含结晶水或结晶水含量极少。无水硫酸钙晶体无色透明，密度为 $2.9g/cm^3$，莫氏硬度为 3.0～3.5；块状矿石颜色呈浅灰色，矿石装车松散密度为 $1.849t/m^3$，加工后的粉体松散密度为 $919kg/m^3$。

无水石膏和二水石膏同属气硬性胶凝材料，粉磨加工后可用来制作粉刷材料、石膏板材和砌块等建筑材料。在水泥工业中，硬石膏和二水石膏均可用作水泥生产的调凝剂，起调节水泥凝结速度的作用。

6.2.3　石膏在 3D 打印中的应用

石膏是以硫酸钙为主要成分的气硬性胶凝材料，由于石膏胶凝材料及其制品有许多优良性质，原料来源丰富，生产能耗低，因而被广泛地应用于土木建筑工程领域。石膏的微膨胀性使得石膏制品表面光滑饱满，颜色洁白，质地细腻，具有良好的装饰性和加工性，是用来制作雕塑的绝佳材料。石膏材料相对其他诸多材料而言有着诸多优势，其主要应用在以下几个领域。

（1）医学方面

石膏在医学方面大有作为。石膏内服经胃酸作用后，能增加血清内钙离子浓度，可以缓解肌肉痉挛。石膏研末外用，还有清热、收敛、生肌的作用，这些医学用途使得石膏在医疗领域中有广泛应用，可以用来 3D 打印骨骼、牙齿、石膏支架（图 6.5）等。石膏材料也可以与其他 3D 打印材料混搭，制成更优质的复合材料。

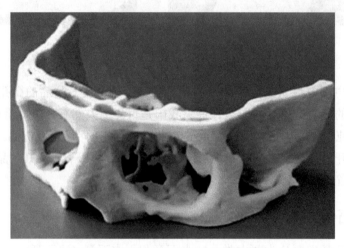

图 6.5　利用 3D 打印制成的石膏支架

（2）建筑模型制作

石膏材料由于具有成型速度快、能实现全彩打印等特点，可用于建筑（图 6.6）、艺术、装饰等模型的制作。

图 6.6　利用石膏材料 3D 打印的建筑模型

6.3 复习与思考 ▶▶▶

1. 陶瓷材料的基本性能有哪些?
2. 陶瓷材料在 3D 打印中有哪些应用?
3. 石膏的性能特点有哪些?
4. 石膏在 3D 打印中有哪些应用?

第7章

3D 打印材料——新材料

7.1 淀粉材料 ▶▶▶

7.1.1 淀粉材料的简介

淀粉是高分子碳水化合物，是由单一类型的糖单元组成的多糖。淀粉的基本构成单元为 α-D- 吡喃葡萄糖，葡萄糖脱去水分子后经由糖苷键连接在一起所形成的共价聚合物就是淀粉分子。

淀粉属于多聚葡萄糖，游离葡萄糖的分子式以 $C_6H_{12}O_6$ 表示，脱水后葡萄糖单元为 $C_6H_{10}O_5$，因此，淀粉分子可写成 $(C_6H_{10}O_5)_n$，n 为不定数。组成淀粉分子的结构单体（脱水葡萄糖单位）的数量称为聚合度。

淀粉分为直链淀粉和支链淀粉。直链淀粉是 D- 六环葡萄糖经 α-1,4- 糖苷键连接组成；支链淀粉的分支位置为 α-1,6- 糖苷键，其余为 α-1,4- 糖苷键 。

直链淀粉含几百个葡萄糖单元，支链淀粉含几千个葡萄糖单元。在天然淀粉中直链的占 $20\% \sim 26\%$，它是可溶性的，其余的则为支链淀粉。直链淀粉分子的一端为非还原末端基，另一端为还原末端基，而支链淀粉分子具有一个还原末端基和许多非还原末端基。当用碘溶液进行检测时，直链淀粉溶液呈深蓝色，吸收碘量为 $19\% \sim 20\%$，而支链淀粉与碘接触时变为紫红色，吸收碘量为 1% 。

7.1.2 淀粉材料的性能

淀粉可以吸附许多有机化合物和无机化合物，直链淀粉和支链淀粉因分子形态不同具有不同的吸附性质。直链淀粉分子在溶液中分子伸展性好，很容易与一些极性有机化合物如正丁醇、脂肪酸等通过氢键相互缔合，形成结晶型复合体而沉淀。

淀粉的许多化学性质与葡萄糖相似，但由于它是葡萄糖的聚合体，又有自身独特的性质，生产中应用淀粉化学性质改变淀粉分子可以获得两大类重要的淀粉深加工产品。

第一大类是淀粉的水解产品，它是利用淀粉的水解性质将淀粉分子进行降解所得到的不同聚合度的产品。淀粉在酸或酶等催化剂的作用下，α-1,4- 糖苷键和 α-1,6- 糖苷键被水解，可生成糊精、低聚糖、麦芽糖、葡萄糖等多种产品。

第二大类产品是变性淀粉，它是利用淀粉与某些化学试剂发生化学反应而生成的。淀粉分子中葡萄糖残基中的 C2、C3 和 C6 位醇羟基在一定条件下能发生氧化、酯化、醚化、烷基化、交联等化学反应，生成各种淀粉衍生物。

7.1.3 淀粉材料在3D打印中的应用

淀粉材料经微生物发酵成乳酸，再聚合成聚乳酸（PLA），和传统的石油基塑料相比，聚乳酸更为安全、低碳、绿色。聚乳酸的单体乳酸是一种广泛使用的食品添加剂，经过体内糖酵解最后变成葡萄糖。聚乳酸产品在生产使用过程中，不会添加和产生任何有毒有害物质。

聚乳酸，又称聚丙交酯，是以乳酸为主要原料聚合得到的聚酯类聚合物，是一种新型的生物降解材料。聚乳酸材料虽然很强大，但是它同时也有弱点，如耐热和耐水解能力较差，这对聚乳酸产品的使用产生了诸多限制。

聚乳酸是常见的 3D 打印材料，但是其在温度高于 50℃ 的时候就会变形，限制了它在餐饮和其他食品相关方面的应用。但是如果通过无毒的成核剂加快聚乳酸的结晶化速度就可以使聚乳酸的耐热温度提高，达到 100℃。利用这种改良的聚乳酸材料可以打印餐具和食品级容器、袋子、杯子、盖子，这种材料还能用于非食品级应用，比如制作电子设备的元件、耐热的生物塑料，可以说是 3D 打印的理想材料。

图 7.1 是基于土豆淀粉材料的聚乳酸打印出来的产品。基于土豆淀粉的聚乳酸结合了卓越的表面光洁度和柔润性，很容易处理并且具有出色的打印细节。这种材料可以支持高速打印，而且脆性比普通的聚乳酸要低。基于土豆淀粉材料的聚乳酸强度较高，它在需要一定弯曲程度的应用中的用处要远远超过基于玉米淀粉的聚乳酸材料。

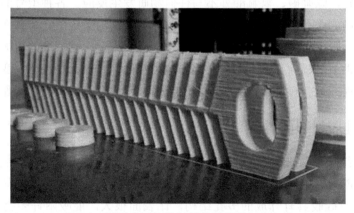

图 7.1　基于土豆淀粉材料的聚乳酸打印产品

图 7.2 所示的聚乳酸材料其主要成分为玉米淀粉提取物，在打印的过程中无毒无味，打印后的模型可以在自然条件下生物降解，且其颜色丰富多彩。

图 7.2　基于玉米淀粉的聚乳酸材料

<h2>7.2　硅胶材料 ▶▶▶</h2>

7.2.1　硅胶材料的简介

硅胶又称硅酸凝胶，是一种高活性吸附材料，属非晶态物质。硅胶主要成分是二氧化硅，化学性质稳定，不燃烧。硅胶材料可分为有机硅胶和无机硅胶两大类。有机硅胶是一种有机硅化合物，是指含有 Si—C 键且至少有一个有机基团是直接与硅原子相连的化合物，习惯上也常把那些通过氧、硫、氮等使有机基团与硅原子相连接的化合物也当作有机硅化合物。无机硅胶是一种高活性吸附材料，通常是用硅酸钠和硫酸反应，并经老化、酸泡等一系列后处理过程而制得。硅胶的化学分子式为 $mSiO_2 \cdot nH_2O$，不溶于水和任何溶剂，无毒无味，化学性质稳定，除强碱、氢氟酸外不与任何物质发生反应。各种型号的硅胶因其制造方法不同而形成不同的微孔结构。硅胶的化学组分和物理结构决定了它具有许多其他同类材料难以取代的特点：吸附性能高、热稳定性好、化学性质稳定、有较高的机械强度等。家庭用作干燥剂、湿度调节剂、除臭剂等；工业用作油烃脱色剂、催化剂载体、变压吸附剂等；精细化工用作分离提纯剂、啤酒稳定剂、涂料增稠剂、牙膏摩擦剂、消光剂等。

7.2.2　硅胶材料的性能

无机硅胶的结构非常像一个海绵体，由互相连通的小孔构成一个有巨大的表面积的毛细孔吸附系统，能吸附和保存水气。在湿度为 100% 条件下，它能吸附并凝结相当于其自重40% 的水气。无机硅胶具有开放的多孔结构，比表面很大，能吸附许多物质，是一种很好的干燥剂、吸附剂和催化剂载体。无机硅胶的吸附作用主要是物理吸附，可以再生和反复使用。

有机硅胶具有极其独特的结构：

① 硅原子上充足的甲基将高能量的聚硅氧烷主链屏蔽起来。

② C—H 键极性极弱，使分子间相互作用力十分微弱。

③ Si—O 键键长较长，Si—O—Si 键键角大。

④ Si—O 键是具有 50% 离子键特征的共价键，即共价键具有方向性，离子键无方向性。

这些特殊的组成和分子结构使它集有机物的特性与无机物的功能于一身。与其他的高分子材料相比，有机硅胶具有众多优点。

（1）耐温特性

有机硅不但可耐高温，而且也耐低温，可在一个很宽的温度范围内使用。无论是化学性能还是物理机械性能，随温度的变化都很小。

（2）耐候性

有机硅具有比其他高分子材料更好的热稳定性以及耐辐照和耐候能力。有机硅中自然环境下的使用寿命可达几十年。

（3）电绝缘性能

有机硅产品都具有良好的电绝缘性能，其介电损耗、耐电压、耐电弧、耐电晕、体积电阻系数和表面电阻系数等均在绝缘材料中名列前茅，而且它们的电气性能受温度和频率的影响很小。因此，它们是一种稳定的电绝缘材料，被广泛应用于电子电气工业上。

（4）低表面张力和低表面能

有机硅的主链十分柔顺，其分子间的作用力比碳氢化合物要弱得多，因此，比同分子量的碳氢化合物黏度低，表面张力弱，表面能小，成膜能力强。这种低表面张力和低表面能是它获得多方面应用的主要原因。其具有疏水、消泡、泡沫稳定、防粘、润滑、上光等各项优异性能。

由于有机硅胶具有上述优异的性能，它的应用范围非常广泛。有机硅胶不仅作为航空、尖端技术、军事技术部门的特种材料使用，而且也用于国民经济各部门，其应用范围已扩展到建筑、电子电气、纺织、汽车、机械、皮革造纸、化工轻工、金属和油漆、医药医疗等领域。

由于硅胶的性能极好且成本很低，所以硅胶成为 3D 打印材料的又一重要成员。

7.2.3 硅胶材料在 3D 打印中的应用

2014 年 10 月，Fripp Design Research 公司宣布推出一种可以用硅胶打印的 3D 打印机 ——Picsima 硅酮 3D 打印机。打印尺寸为 100mm×100mm×30mm，印刷层厚度为 0.4mm，印刷产品的硬度可以低到邵氏硬度 10HA，这意味着它可以达到超软水平，并且可以反复拉伸而不断裂。Picsima 打印过程是一个介于粉末床 3D 打印和光固化 3D 打印之间的过程：用催化剂烧结或固化填充特殊硅油的"材料池"；用三维打印机针形挤出头将定量催化剂喷涂到硅油层表面。由于催化剂能快速固化硅胶，因此打印物根本不需要支撑和后处理。此外，在打印过程中还使用了交联剂，并且打印对象的各个部分的柔软度会根据交联剂的不同而改变。最后，这一过程也可以被染色和印刷，以生产彩色硅胶。

Picsima 硅酮 3D 打印机目前已被 FDA 批准用于医疗和食品领域，并已获得专利。其室温硫化（RTV）医用级硅胶材料可广泛应用于 3D 打印假肢（耳、鼻、义齿等）、医疗设备、消费电子产品和工业原型产品，并已被批准用于人体。图 7.3 为 Picsima 硅胶 3D 打印机和人造心脏制品。

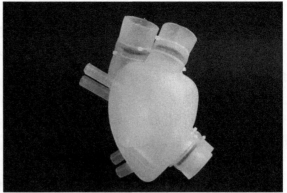

图 7.3　Picsima 硅胶 3D 打印机和人造心脏制品

7.3　人造骨粉材料　▶▶▶

7.3.1　人造骨粉材料的简介

人造骨粉是一种具有生物功能的新型无机金属材料，它具有类似于人骨和天然牙的性质的结构。人造骨粉材料具有良好的生物活性和生物相容性。当人造骨粉材料的尺寸达到纳米级时将表现出一系列的独特性能，如具有较高的降解和可吸收性。人造骨可以依靠从人体体液补充某些离子形成新骨，可在骨骼接合界面发生分解、吸收、析出等反应，实现骨骼牢固结合。人造骨植入人体内需要人体中的 Ca^{2+} 与 PO_4^{3-} 形成新骨。

7.3.2　人造骨粉材料的性能

人造骨粉相对于传统骨粉有以下几个优点。

① 人造骨粉是一种标准化的原料，其纯度高，质量稳定，可完全实现骨质瓷原料生产的标准化、系列供应，从而克服了动物骨灰供应渠道困难、成分波动大、质量难以保证等缺点。

② 用人造骨粉性能指标明显优于以动物骨灰制作的传统骨质瓷。

③ 人造骨粉改变了传统骨粉生产"高不可攀"的现状，极大地简化了骨质瓷的生产工艺，省掉了传统骨质瓷繁杂的原料再处理工艺，只要具备一般的生产条件，便可利用合成骨粉生产高档骨质瓷。

④ 人造骨粉及制瓷技术解决了传统骨质瓷生产中存在的三大难题，即泥料流变性能差、烧成温度范围窄、制品热稳定性低。这主要是因为合成骨粉颗粒细、表面活性大、自身不存在析出游离碱性氧化物的可能性，这有利于提高泥料的工艺性能。又因为合成的骨粉全部为成瓷的有效成分，相对于传统骨质瓷而言，瓷胎中主品相磷酸三钙的含量明显得到提高，这样极其有利于扩大烧成温度范围和提高热稳定性。

7.3.3 人造骨粉材料在 3D 打印中的应用

由于人造骨粉的稳定性好，具有可塑性且安全无毒，人造骨粉现在已经应用到隆鼻手术以及义齿中。将人造骨粉材料应用于 3D 打印骨骼，也已成为研究人员研发的重点。图 7.4 为人造骨粉材料打印制品。

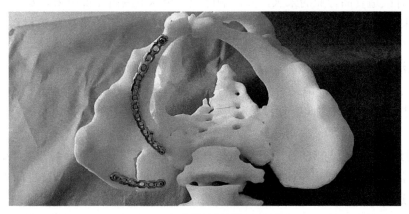

图 7.4　人造骨粉材料打印制品

加拿大研究人员正在研发骨骼打印机，利用 3D 打印技术，将人造骨粉转变成精密的骨骼组织。骨骼打印机使用的材料，是一种类似水泥的人造粉末，属于人造骨粉的一种。打印机将骨粉平铺在操作台上，然后在骨粉制作的膏膜上喷洒一种酸性药剂，使薄膜变得坚硬。这个过程会一再重复，形成一层又一层的粉质薄膜。最后，精密的骨骼组织就这样被创建出来。

7.4　新型 3D 打印材料 ▶▶▶

新型材料是指新出现的或正在发展中的，具有传统材料所不具备的优异性能和特殊功能的材料；或采用新技术（工艺、装备等），使传统材料性能有明显提高或产生新功能的材料。一般认为满足高技术产业发展需要的一些关键材料也属于新材料的范畴。

新型材料产业包括以下几种：①纺织业；②石油加工及炼焦业；③化学原料及化学制品制造业；④化学纤维制造业；⑤橡胶制品业；⑥塑料制品业；⑦非金属矿物制品业；⑧黑色金属冶炼及压延加工业；⑨有色金属冶炼及压延加工业；⑩金属制品业；⑪医用材料及医疗制品业；⑫电工器材及电子元器件制造业；等。

7.4.1　食用材料

传统的烹饪工艺需要人们对原材料经过多道工序的加工，费时又费力，其复杂程度让很多人止步于厨房之外。使用 3D 食物打印机制作食物可以大幅缩减从原材料到成品的环节，从而避免食物加工、包装、运输等环节的不利影响。大多数 3D 打印机使用的原材料是塑料等不能食用的细丝，但食品打印机颠覆传统，它可以用任何可以制成糊状物的可食用材料来制作菜肴，比如土豆泥、巧克力慕斯、千层蛋糕及比萨面团。打印过程中，首先将糊状原材料放入进料口，经过加热后由喷嘴推出，从而形成一层薄薄的食物"墨水"。一层一层堆积之后，便可以打印出连续的三维结构的食物。尽管食品行业 3D 打印还处于起步阶段，但它已经准备好改造食品行业的未来，其影响已经在全球范围内显现出来。专家对制作食物的 3D 打印机未来的设想是从藻类、昆虫、草等中提取人类所需的蛋白质等材料，用 3D 食物打印机制作出更营养、更健康的食物。

食物残渣可作为 3D 打印材料。Kristina Liaskovskaia 研制了一个叫 PriO 的新机器，PriO 将榨汁机与 3D 打印机巧妙地融合到了一起，在人们享用美味果汁的同时，还可以将水果残渣作为 3D 打印的原材料加以利用，变成人们日常生活使用的水杯或盘子等工具，避免了浪费。

PriO 通过将榨汁机与 3D 打印机互相结合，不仅可以将这些厨余垃圾巧妙地利用起来，而且在其中混入特殊的纸浆与树脂成分后，通过 3D 打印技术还可以直接打印出人们需要的日常用品。这些日常用品不仅非常环保，可循环利用，属于 100% 可降解材料，而且人们还可以充分发挥自己的想象力，根据自己的喜好来打印出自己喜欢的形状。图 7.5 为用食品材料打印的环保餐具。

图 7.5　3D 打印机打印的盘子

7.4.2　碳纳米管材料

碳纳米管，又称巴基管，是一种具有特殊结构（径向尺寸为纳米量级，轴向尺寸为微米量级，管子两端基本上都封口）的一维量子材料。碳纳米管上每个碳原子采取 sp^2 杂化，相互之间以 C—C 键结合起来，形成由六边形组成的蜂窝状结构作为碳纳米管的骨架。每个碳原子上未参与杂化的一对 p 电子相互之间形成跨越整个碳纳米管的共轭电子云。碳纳米管主要由呈六边形排列的碳原子构成数层到数十层的同轴圆管。层与层之间保持固定的距离，约

0.34nm，直径一般为 2 ～ 20nm。

（1）碳纳米管的分类

① 按照石墨层数分类，碳纳米管可分为单壁碳纳米管和多壁碳纳米管，如图 7.6 所示。

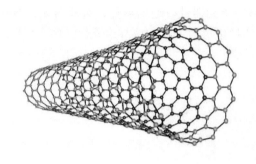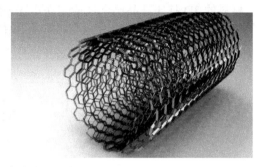

图 7.6　单壁和多壁碳纳米管

② 按照手性分类，碳纳米管可分为手性管和非手性管。其中，非手性管又可分为扶手椅型管和锯齿型管。

③ 按照导电性能分类，碳纳米管可分为导体管和半导体管。

（2）碳纳米管性能

碳纳米管拉伸强度是钢的 100 倍，质量只有钢的 1/6，并且延伸率可达到 20%，其长度和直径之比可达 100 ～ 1000，远远超出一般材料的长径比，因而被称为"超强纤维"。碳纳米管是一种绝好的纤维材料，具有碳纤维的固有性质，强度及韧性均远优于其他纤维材料。单壁碳纳米管的杨氏模量在 1012Pa 范围内，在轴向施加压力或弯曲碳纳米管时，当外力大于欧拉强度极限或弯曲强度时，它不会断裂，而是先发生大角度弯曲，然后打卷形成麻花状物体，当外力释放后碳纳米管仍可以恢复原状。

在碳纳米管内，由于电子的量子限域效应，电子只能在石墨片中沿着碳纳米管的轴向运动，因此碳纳米管表现出独特的电学性能。它既可以表现出金属的电学性能，又可以表现出半导体的电学性能。碳纳米管具有独特的导电性、很高的热稳定性和本征迁移率，比表面积大，微孔集中在一定范围内，满足理想的超级电容器电极材料的要求。

单壁碳纳米管和多壁碳纳米管的光学性质各不相同。单壁碳纳米管的发光是从支撑碳纳米管的金针顶附近发射的，并且发光强度随发射电流的增大而增强；多壁碳纳米管的发光位置主要限制在面对着电极的薄膜部分，发光位置是非均匀的，发光强度也是随着发射电流的增大而增强。碳纳米管的发光是由电子在与场发射有关的两个能级上的跃迁而导致的。

目前运用碳纳米管打印的技术还不成熟，且制作成本很高，还在研究阶段。在 ABS 中加入 2.5% 的碳纳米管，形成一种全新的多壁碳纳米管线材，打印出的物品比传统的 ABS 树脂强度更高。ESD 碳纳米管长丝指的是静电放电碳纳米管长丝。ESD 碳纳米管长丝是基于碳纳米管技术。该材料是由 100% 纯 ABS 树脂掺入多壁碳纳米管制成的。与传统的炭黑化合物相比，基于碳纳米管的长丝具有优异的延展性、清洁水平和一致性。

ESD 碳纳米管长丝与聚合物经过化学或电化学掺杂后，形成一类具有良好导电性能的

ESD 碳纳米管长丝／聚合物新型复合材料。该类材料不仅具有聚合物的选材丰富、加工性能优异等优点，还具有一般聚合物不具备的良好导电性能、电导率可通过控制 ESD 碳纳米管长丝的加入量任意调节、环境稳定性好、产品透明度高等优点。在 3D 打印中，ESD 碳纳米管长丝／聚合物复合材料主要用于透明导电材料的制备。目前，ESD 碳纳米管长丝／聚合物复合材料的 3D 打印产品已广泛应用在电子／微电子元器件、通信器件、医疗器械、石油化工、军工、航空航天等领域的电子电气组件中的抗电磁波干扰和抗静电元件。图 7.7 为以丝蛋白和碳纳米管为原料打印的储能器件。

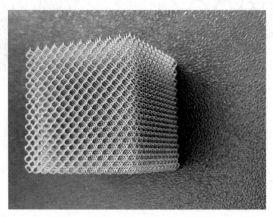

图 7.7 以丝蛋白和碳纳米管为原料打印的储能器件

7.4.3 石墨烯材料

石墨烯是一种以 sp^2 杂化连接的碳原子紧密堆积成单层二维蜂窝状晶格结构的新材料。石墨烯具有优异的光学、电学、力学特性，在材料学、微纳加工、能源、生物医学和药物传递等方面具有重要的应用前景，被认为是一种未来革命性的材料。如果能够使用石墨烯作3D 打印材料，3D 打印机将能够制造具有强度高、质量轻以及柔韧性、导电性俱佳的零部件或产品。图 7.8 为石墨烯材料。

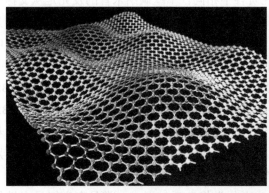

图 7.8 石墨烯材料

将 3D 打印技术与石墨烯/聚合物基复合材料的制备结合起来，可以实现复合材料的快速制造成型，制造复杂结构的产品。石墨烯的加入，使得 3D 打印产品具有更好的力学性能和功能特性，同时还可以更方便地制备梯度化功能制品。

目前用于石墨烯/聚合物基复合材料的 3D 打印方式主要有以下四种。

① 喷墨打印成型：石墨烯高载流子迁移率使得其非常适用于纳米电子器件的制备，喷墨打印便是一种常用的方便高效的制备方法。而聚合物的加入可以稳定墨汁，防止石墨烯沉淀分层，还可以调节墨汁黏度，使其处于便于打印的范围。喷墨打印成型设备简单，成本低，操作简易，非常适用于制备微纳米器件和电子电路。

② 熔融沉积成型：将通过熔融混合、溶液混合等方式制得的石墨烯/聚合物基复合材料通过挤出机等设备制成 3D 打印线材，即可进行石墨烯/聚合物基复合材料的熔融沉积成型。

③ 光固化成型：采用光固化成型石墨烯/聚合物基复合材料时，一般将石墨烯溶于溶剂后加入光敏树脂中或者直接加入树脂中混合，之后进行光固化成型。

④ 激光选区烧结：目前采用激光选区烧结成型石墨烯/聚合物基复合材料的报道还相对较少，主要集中在尼龙基材料上。

采用 3D 打印成型石墨烯/聚合物基复合材料的很多技术目前还不够成熟，仍处于研究中，但其在电子、能源、生物医药、机械、航空航天等多个领域的应用前景值得期待。

7.5 复习与思考 ▶▶▶

1. 淀粉材料使用到 3D 打印中的好处有哪些？
2. 人造骨材料的优点有哪些？
3. 硅胶材料分为几种？有什么不同？
4. 有机硅胶有哪些独特之处？
5. 碳纳米管怎么分类？

参考文献

[1] 刘忠伟. 先进制造技术 [M].2 版. 北京：国防工业出版社, 2007.

[2] 王英杰, 卜学军. 金属工艺学 [M].4 版. 北京：高等教育出版社, 2018.

[3] 章峻, 司玲, 杨继全.3D 打印成型材料 [M]. 南京：南京师范大学出版社, 2016.

[4] 吕鉴涛.3D 打印原理、技术与应用 [M]. 北京：人民邮电出版社, 2017.

[5] 张巨香, 于晓伟.3D 打印技术及其应用 [M]. 北京：国防工业出版社, 2016.

[6] 徐小波. 用于 3D 打印的光敏树脂先驱体制备及其陶瓷化研究 [D]. 沈阳：辽宁大学, 2019.

[7] 陈康伟. 消费级金属 3D 打印关键技术研究 [D]. 厦门：厦门大学, 2018.

[8] 赫德·里普森, 麦尔芭·库日曼.3D 打印：从想象到现实 [M]. 北京：中信出版社, 2013.

[9] 史玉升, 闫春泽, 周燕, 等.3D 打印材料 [M]. 武汉：华中科技大学出版社, 2019.

[10] 李博.3D 打印技术 [M]. 北京：中国轻工业出版社, 2017.

[11] 付小兵, 黄沙. 生物 3D 打印与再生医学 [M]. 武汉：华中科技大学出版社, 2020.

[12] 曹光兆. 聚苯胺 / 聚亚苯基砜 / 聚醚醚酮复合涂层的制备及其防腐性能研究 [D]. 长春：吉林大学, 2020.

[13] 贺望. 聚醚酰亚胺的合成与功能化改性 [D]. 长沙：湖南师范大学, 2020.

[14] 张贺. 聚亚苯基砜 / 聚苯硫醚共混物的制备及性能研究 [D]. 长春：吉林大学, 2015.

[15] 李玉杰. 聚亚苯基砜 / 聚苯醚共混物及其玻纤增强材料的制备与性能研究 [D]. 长春：吉林大学, 2016.

[16] 张跃文. 透明 PC 基复合材料的制备及其紫外光老化性能研究 [D]. 南京：南京信息工程大学, 2019.

[17] 朱凤波. 基于 ABS 材料的 3D 打印工艺及试件机械性能研究 [D]. 哈尔滨：哈尔滨工业大学, 2019.

[18] 张晨, 刘津瑞, 梁虹. 浅谈 3D 打印生物陶瓷材料的发展趋势 [J]. 黑河学院学报, 2020, 12: 181-183.

[19] 吴重草, 郗志广, 朱钰方, 等.3D 打印 HA 微球支架的制备与表征 [J]. 无机学报, 2020, 10.

[20] 崔庆实. 改性环氧树脂提高其耐腐蚀性能的研究 [D]. 长春：长春工业大学, 2020.

[21] 曹亚琼. 石墨烯改性环氧树脂油管涂层的组织性能研究 [D]. 西安：西安石油大学, 2020.

[22] 朱岳.3D 打印用光敏树脂的研究 [J]. 山西化工, 2020, 5:34-37.

[23] 柳朝阳, 赵备备, 李兰杰, 等. 金属材料 3D 打印技术研究进展 [J]. 粉末冶金工业, 2020, 2: 83-89.

[24] 刘洋子健, 夏春蕾, 张均, 等. 熔融沉积成型 3D 打印技术应用进展及展望 [J]. 工程塑料应用, 2017, 3: 130-133.

[25] 赵锦龙, 王鹏程, 刘海亮. 应用激光选区烧结技术制作人体膝关节模型 [J]. 现代制造工程, 2016, 9: 30-32.

[26] 万佳勇. 激光选区烧结复合材料成型工艺及性能研究 [D]. 广州：华南理工大学, 2020.

[27] 刘静, 王磊. 液态金属 3D 打印技术：原理及应用 [M]. 上海：上海科学技术出版社, 2018.

[28] 工业和信息化部工业发展中心, 王晓燕, 朱琳.3D 打印与工业制造 [M]. 北京：机械工业出版社, 2019.